节理岩体力学试验
数值模型及工程应用

张敏思　著

北　京

冶 金 工 业 出 版 社

2023

内 容 提 要

本书以节理岩体的数值（离散元）模型为基础，从岩石细观结构出发，通过对细观结构变化的物理与力学过程的分析来研究岩石的损伤及其演化，较为系统地介绍了岩石本构关系及尺寸和围压的影响，完成了岩石力学基本力学试验的数值模拟及分析，另外对东秦岭隧道塌方进行了数值模拟，并分析了隧道塌方的力学机制，揭示了岩石损伤破坏机理和规律。

本书可作为高等院校岩土工程（或相关专业）教师、科研院所和工程部门的科研人员、工程技术人员的技术参考用书，也可作为相关专业课程的辅助教材或学生创新创业竞赛的辅导用书。

图书在版编目(CIP)数据

节理岩体力学试验数值模型及工程应用/张敏思著. —北京：冶金工业出版社，2023. 10

ISBN 978-7-5024-9681-4

Ⅰ. ①节… Ⅱ. ①张… Ⅲ. ①岩石力学—实验—数值模拟 Ⅳ. ①TU45-33

中国国家版本馆 CIP 数据核字(2023)第 230372 号

节理岩体力学试验数值模型及工程应用

出版发行	冶金工业出版社	电　　话	(010)64027926
地　　址	北京市东城区嵩祝院北巷 39 号	邮　　编	100009
网　　址	www. mip1953. com	电子信箱	service@ mip1953. com

责任编辑　武灵瑶　美术编辑　吕欣童　版式设计　郑小利
责任校对　李欣雨　责任印制　禹　蕊
北京印刷集团有限责任公司印刷
2023 年 10 月第 1 版，2023 年 10 月第 1 次印刷
710mm×1000mm　1/16；7.25 印张；124 千字；108 页
定价 56.00 元

投稿电话　(010)64027932　投稿信箱　tougao@cnmip. com. cn
营销中心电话　(010)64044283
冶金工业出版社天猫旗舰店　yjgycbs. tmall. com
(本书如有印装质量问题，本社营销中心负责退换)

前　言

　　岩石力学是高等学校土木工程学科岩土工程方向的专业基础课，本书基于岩石力学基础知识建立数值模型，对岩石力学基本力学试验进行数值分析，并针对东秦岭隧道塌方工程实际问题进行讨论。

　　近年来，岩石力学基础学科发展迅速，在线课程随着现代网络信息技术的发展而逐步形成特色。本书借鉴国内外教学实践与工程项目经验，通过文字、图片等形式展现岩石力学理论的实际应用，把知识点与工程实践、科学研究相结合，促进因材施教和个性化学习，达到辅助教学资源共享的目的。

　　本书的重点内容为节理岩体数值（离散元）模型的建立及东秦岭隧道塌方的力学机制分析。本书可作为高等院校岩土工程（或相关专业）教师、科研院所和工程部门的科研人员、工程技术人员的技术参考用书，也可作为相关专业课程的辅助教材或学生创新创业竞赛的辅导用书。

　　本书由东华理工大学张敏思编写，杨勇参与审阅。

　　本书的研究内容得到国家自然科学基金（51864001）、江西省主要学科学术和技术带头人培养计划项目（20212BCJ23003）、江西省地质环境与地下空间工程研究中心开放基金（JXDHJJ2022-006）、江西省教育厅基金（GJJ200725）、新疆兵团科技计划项目（2020AB003）、国家自然科学基金项目（52168044）的资助。本书的出版得到东华理工大学土木与建筑工程学院"十四五"一流学科经费的资助，在此一并表示衷心的感谢！

　　限于作者水平，难免有欠妥之处，敬请读者指正。

张敏思

2023 年 7 月

目　　录

1 绪 论

1.1 节理岩体概述

近些年来，岩土工程、地下工程作为国民经济基础建设的重要支柱产业之一，正迎接着一个蓬勃发展的良好契机，我国已成为世界地下工程最多、最复杂、发展速度最快的国家之一。我国大部分地区是丘陵及山地，在修建铁路、开挖隧道等工程时，所遇到的绝大多数地质体是节理岩体[1]。

节理是很常见的一种地质构造现象，即由于岩石受力而出现的裂隙，但是裂开面的两侧没有发生明显的位移，地质学将这类裂缝称为节理。在节理岩体中，结构面各式各样，规模相差悬殊，大到一个断层，小到只有一个裂隙。节理的发育常常会给隧道、边坡和大坝等工程带来隐患，并导致工程岩体的失稳与破坏。因此，对节理岩体的研究无论从理论上，还是在实践中都具有重要的意义。在隧道开挖过程中，开挖断面岩体处于各向压力作用下，会出现微缺陷形成和发展，如组分晶粒的滑移、微孔洞、微裂隙等。极易出现隧道塌方、涌水、岩溶塌陷等地质灾害，给隧道施工带来极大危害。塌方灾害以其高发性、高危性严重威胁着工程设备和人员安全，它是隧道施工中最常见的灾害现象之一。因此，通过研究节理岩体的特性来预防塌方、迅速治塌已经成为隧道界长期关注的一个焦点，也是隧道设计和施工人员最为关注的问题之一[2]。

节理岩体受力破坏是其构造岩石内部微破裂萌生、扩展和断裂的过程，发生在岩石中的损伤是脆性损伤，本质上是岩石缺陷（微裂缝、节理、断层等）损伤演化到大面积破坏的过程，其表现形式主要是多重或单重弥散、随机分布的微裂纹（群），其过程实质上是小塑性变形情况下微细观裂纹的成核、生长、扩展和连通，最终发生宏观断裂[3]。虽然单个微缺陷难以造成岩石力学性质的明显变化，但众多服从一定统计规律的具有细观结构特征的微裂纹群却能极大地影响岩石的性质，甚至控制着岩石的破坏方式。实践证明，岩石宏观断裂破坏与其内部微裂纹的发育聚集（即损伤积累）有着密切的联系。

事实上，由于节理岩体内部构造极不均质，含有不同的缺陷，其力学行为是由其内在的细观结构所决定的，宏观的破坏行为是细观尺度上的损伤累积和发展的结果。伴随出现的工程问题也非常复杂，这就要求岩体工作者不仅要给出定性的分析结论，而且还要通过处理复杂、海量的工程数据与信息，给出可视化的定量分析结果。因此，对岩石力学性能除了从宏观尺度进行研究外，更有效的还应从岩石细观结构出发，通过对细观结构变化的物理与力学过程分析来研究岩石的损伤及其演化，结合理论和试验成果建立力学模型并利用数值模拟的研究方法才是揭示岩石损伤破坏机理和规律的根本途径。而数值模型是数值模拟软件的内在核心，数值模拟软件是模型实现的技术手段。

1.2 国内外节理岩体的研究现状

1.2.1 国内外节理岩体研究概况

一直以来，由于其物理力学性质的复杂性，节理岩体研究备受关注。在1985年，国际岩石力学学会（ISRM）专门成立了针对岩石节理和断层力学的委员会。国内外学者投入了大量的人力物力来对它进行深入的研究，取得了不少科研成果。目前，关于节理岩体的研究主要集中在如下几个方面。

1.2.1.1 节理岩体表面形态的研究

国际方面，Patton把节理面的起伏理想化为形态规则的起伏角，并在节理面摩擦角处理的问题上，提出了把力学试验和理论分析结果计入其中。此外，还把节理粗糙度系数JRC引入到节理岩体力学中，并提出了用于确定JRC的10条标准剖面，从而对节理岩体表面形态测试、数学描述及特征进行研究。该方法自从被提出后，得到了ISRM推荐进而被广泛采用[4-8]。但是，实际上节理面形态很难用10条剖面全面描述，也无法用一个简单的数学关系式准确表达。国内方面，关于对节理岩体表面形态的研究，一直处于定性描述状态。近些年来，许多国内学者对其进行研究，比如同济大学的夏才初[9]教授，系统地论述了对岩体工程稳定性起控制作用的节理表面形态、测试仪器和技术及其数学描述。杜时贵等人[10-12]也分别对节理表面形态进行了细致的研究。陈世江等人[13]基于数字图像处理技术对岩石节理分形进行了描述。但是，由于其复杂性和差异性，在实际工作中对具体节理面采用抽样实测与数学描述还是有差别的。

1.2.1.2　节理岩体的损伤力学理论

1958 年，Kachanov 提出了损伤力学概念，从此以后经过近 50 年的发展，一些理论已经日趋成熟，并在工程领域得到了广泛应用，即节理岩体就是一种宏观损伤。损伤力学理论应用到节理岩体的本构关系的研究中，可以克服其弹性和塑性力学理论难以解决的困难，更合理地、全面地分析岩土工程，特别是岩质工程的应力场和位移场等[14]。

关于节理岩体损伤力学理论，国内外有很多学者在探索。国外的学者如 Dougill 和 Costin 等人[15-16]建立了岩体损伤力学理论和模型。国内谢和平[17]院士合理地定量描述了岩石的损伤特征；张杰[18]针对循环冲击扰动下裂隙岩体巷道损伤破裂机理进行了大量的研究；赵增辉等人[19]针对锚固岩体岩块–黏结层–锚杆各单元耦合作用，基于 Barton 节理面粗糙度模拟节理面形貌，建立了常法向应力边界效应下节理岩体锚固的三维精细化数值模型，并进一步分析了锚固角、节理面形貌对系统抗剪性能及各单元渐进损伤力学行为的影响；袁小清、张继周等人[20-21]针对冻融条件下岩体的损伤机制及力学特性等进行分析并做出合理预测。

一般而言，节理岩体损伤力学的研究进展，是岩石力学发展的重要体现。损伤理论可以定量描述非连续介质（如岩体），特别是节理岩体的裂纹、裂隙、节理等的应力–应变关系。同时还可以建立适合于节理岩体本构模型的损伤张量，借以研究节理岩体由非连续到等效连续的过渡。

1.2.1.3　节理岩体力学参数的估算

岩体是由完整岩块和结构面组成的，对于节理岩体来说，其力学参数的正确选取，对整个模拟计算分析结果的准确性起着至关重要的作用，在岩体工程上具有重要意义。对岩体工程进行数值模拟分析时，常见的力学参数有两大类：强度参数和变形参数[22]。一般而言，岩体力学参数现场测试费用高，测试周期长，测试仪器不够精密，操作过程也非常复杂困难，其测试结果还具有一定的离散性[20]。鉴于此，目前在进行岩体工程数值模拟计算分析时，往往是将室内测试的岩块力学参数作为岩体力学参数计算分析的基础。

1.2.1.4　节理岩体数值模拟研究

目前，工程中应用于节理岩体的数值模拟计算分析的方法与理论有很多，并且日趋成熟，如离散单元法、有限单元法、有限差分法和边界元法等。

对节理岩体来说，因为节理的存在，岩体的强度减小，岩体的变形增加，从而致使岩体的强度和变形表现为不均匀性和各向异性，而且还能使岩体中的岩块发生开裂、滑移和运动[23]。因为现场测试的费用高、周期长，对仪器的要求高等原因，根据节理岩体所处的应力应变状态，对节理岩体力学中的某些课题建立相应的本构模型，进行数值模拟计算，已成为解决工程实际问题的主要手段之一[24]。节理岩体的数值模拟计算分析成为指导岩体工程设计、施工的重要途径。

由于节理岩体的不连续性，用有限单元法解决问题存在一定的偏差，自20世纪70年代起，许多学者致力于探索不借助生成的网格或单元，而是用离散的数值方法来分析岩体内的裂纹扩展等力学特性。这类离散的数值方法较之于有网格的方法，摆脱了单元的限制，可解决由于网格重新划分和划分形式影响裂纹扩展等问题，更适合于节理岩体工程中节理裂纹的扩展计算分析。

1.2.2　节理岩体颗粒流方法研究现状

由于岩体本身不是一种理想的连续介质，而是具有许多节理劣化的材料，因此以有限元思想建立的常规弹塑性本构模型在应用中存在很大的缺陷。鉴于此，20世纪70年代以来，一些研究者提出并发展了节理单元、离散单元及块体理论等多种离散模型[25-27]。美国的ITASCA公司在离散单元法的应用及发展方面做出了很大的贡献，并开发了一系列相关的计算软件，包括PFC2D及PFC3D等颗粒流软件。颗粒流方法是以离散单元法为理论基础，通过非连续的数值方法来模拟介质运动及其相互作用，以解决含有复杂变形模式的实际问题。

1971年，由Cundall P A首先提出的离散单元法特别适用于节理岩体。该方法是以由岩体结构面切割而成的离散体为基本单元，其几何形状取决于结构中不连续面的产状及其空间位置，应用牛顿运动定律描述各单元的运动过程，单元可以发生有限移动与转动，体现了变形和应力的不连续性[28]。在此后的数十年中，Cundall P A团队致力于利用离散单元法来研究岩体的各种力学性质，得到了很多重要的结论[29-31]。

2001年，P H S W Kulatilake和Bwalya Malama[32]利用颗粒流程序（PFC），建立了节理岩体数值模型，分析了在单轴加载条件下节理岩体的相关特性，研究了节理几何参数在单轴压缩中的作用,把数值模拟结果与物理模拟试验进行了对比,得出了节理岩体的内部几何构造决定了其损伤机制的结论,并且讨论了3种损伤机制。2008年,T S Wanne[33]利用颗粒流程序(PFC),根据高温状态下岩石试样特性,建立数值接触模型模拟其声发射现象。与此同时,进行室内试验监测试验结果和现象。然后把数值模拟结果与试验结果进行对比,对比发现,数值模拟与试验结果几乎完全吻合。同年,杨成伟等人[34]采用颗粒流程序从细观尺度模拟了节理岩体岩桥的剪切破坏、拉剪复合和翼裂纹扩展破坏3种贯通方式并且分析了其扩展机制,力求通过颗粒流方法分析节理岩体的强度特性及变形破坏机制,来合理地预测实际工程的可能破坏模式和评估工程岩体的稳定性。2008年,刘顺桂等人[35]发表了断续节理直剪试验与PFC2D数值模拟分析,采用颗粒流离散元软件对模型试验进行全真数值模拟,并利用获得的细观力学参数对共面断续节理试样自剪试验进行数值重现。通过仿真模拟,结合模型试验和数值模拟结果,把断续节理岩体的剪切破坏过程精确分为5个阶段,并且得出了采用PFC程序,选取适当的微粒子力学参数可以全面模拟断续节理直剪条件下的各种力学响应的结论。余华中等人[36]利用颗粒流程序生成岩石节理直剪试验数值模型,进行不同法向应力作用下节理直剪试验的颗粒流数值模拟,研究节理的宏细观剪切力学行为,以及不同法向应力作用下微裂纹的发育及演化规律。夏才初等人[37]选择粗糙节理并从其剪切性质角度进行颗粒流数值模拟。

工程岩体是复杂的地质体,岩体的变形、运动在很大程度上都受制于不连续面。由于其特殊性,目前针对实际工程岩体的特性来定量评价和预测颗粒流数值模拟方面的研究还不是很多。但是近些年来,由于世界各国隧道和地下工程的大量修建,不可避免地会遇到许多高难度山岭隧道。防塌、迅速治塌工作已经成为隧道界长期关注的一个焦点。用颗粒流理论,通过数值模拟对塌方的一般规律、发生机理、影响因素、预防和治理方法进行综合归纳和分析是十分必要的,而且对今后隧道施工中塌方灾害的防治能有较大的参考价值,对隧道快速施工以及保证施工安全也具有较大的理论和实际意义。

1.3 离散单元法的基本思想和应用

1.3.1 离散单元法的基本思想

到目前为止,对于离散物质受外力作用下的力学行为的研究,科研人员根据研究目的和精度要求的不同，总结了两类方法：连续介质力学方法（continuum mechanics method，CMM）和离散单元法（distinct element method，DEM）。连续介质力学方法主要是以弹塑性力学理论为基础，将离散物质近似地作为一个连续介质进行处理，像有限单元法（FEM）和边界元法（BEM）都属于这种类型。这种方法需要依赖高度简化的、规定性质的本构方程，在不设复杂边界条件的情况下，难以模拟离散物质复杂的动态行为。同时，这种方法忽略了物体中各个单元的性质，只侧重整个物质的力学行为。

由于离散物质的颗粒运动是不连续的复杂运动，在使用这种方法时，具有一定的不准确性，各国学者也一直没有确定出理想的本构模型。因此，寻求合适的数值方法成为亟待解决的问题。

1971 年，Cundall P A 提出了离散单元法，最初它只是被用来分析岩石边坡的运动，该方法与在时域中进行的其他显式计算相似，例如与解抛物线型偏微分方程的显式差分格式相似[38-39]，它是一种显式求解的数值方法。离散单元法也像有限单元法那样，将区域划分成单元。但是单元因受节理等不连续面控制，在以后的运动过程中，单元节点可以分离，即一个单元与其邻近单元可以接触，也可以分开。单元之间相互作用的力可以根据力和位移的关系求出，而个别单元的运动则完全根据单元所受的不平衡力和不平衡力矩的大小按牛顿运动定律确定[40]。

离散单元法将所分析的物体看作离散颗粒集合体，根据其本身的离散特性建立数值模型，在分析具有离散性质的物质方面表现出了极大的优越性。在离散单元法数值模拟中，对物体中的每个颗粒作为一个单元建立模型，并进行模拟，然后根据颗粒之间的接触，通过一系列计算追踪物体中每个颗粒来对整个物体进行分析。这与连续机理方法中建立的物质模型相比，更加符合离散物质的实际情况。

在实际试验和工程中，离散物质表现出许多复杂行为，通常无法直接使用现有的基本理论，尤其是用连续介质理论来解释。而在使用离散单元法进行模拟分析时，可以直接获得离散物质的大量复杂行为信息，从而可以进一步假定和分析离散物质的细观结构特征，为准确预测和分析现有连续介质理论无法解释的物质力学行为提供了基本理论和研究方法。另外，离散单元法不需要过多的假设，使用简单的方程就可以对高度复杂系统的准静态和动态行为进行模拟。

总之，离散单元法的基本思想是把介质看作由一系列离散的独立运动的单元

（或颗粒）组成，单元的尺寸是细观的，利用牛顿第二定律建立每个单元的运动方程，并用显式中心差分法求解，由各单元的运动和相互位置来描述整个介质的变形和演化。

作为典型的离散物质，岩体材料在受到外力作用以后，颗粒的破碎和分离更表现出其碎散性的本质，因此，离散单元法已成为分析岩体动态行为新的手段和方法并发挥着巨大的优势。离散单元法计算原理简单，计算机实施比较复杂，涉及问题较多，但是随着计算机技术的发展、计算机容量的大大增加、计算速度的明显改善，使得提出的离散单元法在离散物质力学行为模拟和分析方面的应用越来越广泛，如可用以分析岩体边坡及节理发育地区工程的塌方和支护等。

节理岩体介质天然存在的软弱结构面，使得有限元在模拟岩体结构面效应方面受到限制，而离散元则适用性好。综上，利用离散元数值模型，从细观角度研究节理岩体中裂纹的萌生、扩展、贯通过程，对于揭示岩体的破坏机理，评估隧道等地下硐室的安全可靠性，以及开展防塌治塌工作等具有重要的现实意义。

1.3.2 离散单元法的发展现状

离散单元法是美国学者 Cundall P A[29] 在基于分子动力学的原理上首次提出，并应用于分析岩石力学问题的一种不连续数值模拟方法。到 1974 年，二维的离散单元法程序趋于成熟，在以后的阶段，Cundall 和 Strack 开发了二维圆形块体的 BALL 程序，用于研究颗粒介质的力学行为，而且得到的计算结果和用光弹性技术得出的实验结果极为吻合，这也标志着离散单元法由理论到实践的可行性。1980 年，Cundall 开始研究块体在受力后变形以及根据破坏准则发生断裂的离散单元法，后来发展了 UDEC 和 3DEC 程序，在 UDEC 之后，开发了颗粒流程序 PFC2D 和 PFC3D。

自 1989 年起，国际散体介质细观力学会议先后在法国、英国、美国和日本召开，出版的论文集中离散单元法研究占有一定比重。针对离散单元法，在 1989 年、1993 年和 2002 年，美国连续召开了三届离散单元法国际会议，而且德国和日本于 2002 年和 2004 年针对离散元商用软件 PFC2D 和 PFC3D 连续召开了两届国际会议。国际英文期刊中，*Powder Technology*、*Particulate Science and Technology* 和 *Advanced Powder Technology* 中常有关于离散单元法的文章发表，足以看出离散单元法发展势头。这一时期，各种与离散单元法相关的软件相继出现。离散单元法在国外得到足够的重视，并且得到了迅猛发展。由于离散单元法处于发展阶段，很多学者对离散单元法的理论和算法进行了更深入的研究。到目前为止，离散单元法已经广泛应用于岩石力学等多个领域。

离散单元法在我国的研究和应用虽然起步较晚，但发展非常迅速。王泳嘉和剑万禧，在 1986 年将离散单元法介绍给国内的学者，并在这方面做了相当程度的研究，特别是将该法运用于放矿工程中并取得了相当多的成果[40-42]。徐泳、黄文彬[43]将离散单元法运用于模拟颗粒流动，并对颗粒中充填流体的特性进行了模拟，基于液桥力建立了一些湿颗粒模型。李世海、汪远年[44-45]对于离散单元法中的参数选择做了深入的探讨，并运用离散单元法进行断续节理岩体随机模型离散元数值模拟。俞良群等人[46-47]对料仓堆积中的现象进行了实验及数值模拟的对比。周健等人[48-50]采用离散元中的颗粒流软件，针对拔桩实验以及对沙土的细观力学性质进行了模拟，取得了相当的成果，此外也运用离散单元法对渗流的颗粒流进行细观模拟。李红艳[51]、徐春晖[52]对存在填隙流体时颗粒间的相互作用进行了研究。杨全文[53]针对离散单元法干颗粒接触模型及微机可视化程序设计进行了相关的研究。蒋明镜、杨圣奇等人[54-55]将基于微观胶结试验得到的岩石微观力学模型植入离散元软件，模拟滚刀破岩过程并重点分析滚刀破岩各阶段的宏微观机理。

国外方面，许多学者运用离散元的方法对各种情况进行了大量的模拟计算，取得了较好的效果，例如，Li 等人[56]运用离散元的方法对筛料的过程进行数值模拟；对于考虑流体作用的研究，Nouchi 等人[57]考虑了浮力作用在颗粒流的实验及数值模拟中的影响。而且，利用离散单元法模拟地下空洞周边的损伤区已经有了一些成功的尝试。Potyondy D、Autio J 和 Cundall P A 使用颗粒流程序预测了加拿大马尼托巴湖深部地下实验室（underground research laboratory，URL）的裂纹区。此后，Potyondy D 还模拟了在压缩荷载作用下英闪长岩圆形试验空洞周边的损伤区[58-59]。

目前，随着离散单元法思想的发展，把其运用到节理岩体的破坏过程仍然有待进一步完善。根据工程实际及理论知识，用数值模拟方式进一步地研究岩体的损伤及其演化，对预测岩体的宏观力学响应（包括强度、变形与破坏），分析岩体断裂失效先兆，评价工程岩体的稳定性具有非常重要的意义。

参 考 文 献

[1] 汪小刚. 岩体工程力学参数取值方法研究Ⅱ：数值仿真试验 [J]. 水利学报, 2023, 54

(2)：129-138.

[2] 林聪波，俞缙，常方强，等．三维贯通节理对大跨隧道围岩稳定性的影响［J］．中南大学学报（自然科学版），2023，54（3）：1141-1152.

[3] LOCKNER D A, BYERLEE J D. Quasi-static fault growth and shear fracture energy in granite［J］. Nature, 1991, 350：39-42.

[4] PATTON F D. Multiple model of shear failure in rock［A］. Proc. Lst Int Congr, Int Soc Rock Mesh, Lisbon, Geo1, 1966.

[5] BARTON N. A relationship between joint roughness and joint shear strength［A］. Rock Fracture, Proc. Int. Symp. Rock Mech, Nancy, 1971.

[6] BARTON N. Review of a new shear strength criterion for rock joints［J］. Engineering Geology, 1977, 7（4）：287-332.

[7] BARTON N, et al. Strength, deformation and conductivity coupling of rock joints［A］. Int J Rock Mech Min Sci, 1990.

[8] BARTON N, CHOUBEY V. The shear strength of rock joints in theory and practice［J］. Rock Mechanics, 1977, 10（1）：1-54.

[9] 夏才初，孙宗硕．工程岩体节理力学［M］．上海：同济大学出版社，2002.

[10] 杜时贵，雍睿，陈咭扦，等．大型露天矿山边坡岩体稳定性分级分析方法［J］．岩石力学与工程学报，2017，36（11）：2601-2611.

[11] 杜时贵．大型露天矿山边坡稳定性等精度评价方法［J］．岩石力学与工程学报，2018，37（6）：1301-1331.

[12] 杜时贵，吕原君，罗战友，等．岩体结构面抗剪强度尺寸效应联合试验系统及初级应用研究［J］．岩石力学与工程学报，2021，40（7）：1337-1349.

[13] 陈世江，朱万成，张敏思，等．基于数字图像处理技术的岩石节理分形描述［J］．岩土工程学报，2012，32（11）：2087-2092.

[14] 易顺民，朱德珍．裂隙岩体损伤力学导论［M］．北京：科学出版社，2005.

[15] DOUGILL J W, LAU J C. Toward a theoretical model for progressive failure and softening in rock［J］. Mech in Engineering, 1976, 1：335-355.

[16] COSTIN L S. Time-dependent damage and creep of brittle rock［J］. Damage Mechanics and Continuum Modeling, 1985, 1：25-38.

[17] 谢和平．岩石混凝土损伤力学［M］．徐州：中国矿业大学出版社，1990：210-290.

[18] 张杰．循环冲击扰动下裂隙岩体巷道损伤破裂机理与控制研究［D］．北京：北京科技大学，2023.

[19] 赵增辉，刘浩，孙伟，等．考虑界面及损伤效应的岩体锚固系统渐进破坏行为［J］．岩土力学，2022，43（11）：3163-3173.

[20] 袁小清，刘红岩，刘京平．冻融荷载耦合作用下节理岩体损伤本构模型［J］．岩石力学与工程学报，2015，34（8）：1602-1611.

[21] 张继周，缪林昌，杨振峰．冻融条件下岩石损伤劣化机制和力学特性研究［J］．岩石力学与工程学报，2008，27（8）：1688-1694.

[22] 孙广忠．岩体结构力学［M］．北京：科学出版社，1988：99-112.

[23] 谭文辉，刘慧敏，梁爽，等．节理岩体的等效"层理"方法及其工程应用［J］．矿业研究与开发，2023，43（4）：116-124.

[24] KUNDU J, MAHANTA B, SARKAR K, et al. The effect of lineation on anisotropy in dry and saturated Himalayan schistose rock under Brazilian test conditions［J］. Rock Mechanics and Rock Engineering, 2018, 51（1）：5-21.

[25] WANG P T, CAI M F, REN F H. Anisotropy and directionality of tensile behaviours of a jointed rock mass subjected to numerical Brazilian tests［J］. Tunning and Underground Space Technology, 2018, 73：139-153.

[26] HART R, CUNDALL P A. Formulations of a three-dimensional distinct element model Part Ⅱ：Mechanical calculation of a system composed of many polyhedral blocks［J］. International Journal of Rock Mechanics and Mining Sciences, 1988, 3：21-24.

[27] SHI G H, GODMAN R E. Two dimensional theory and its application to rock engineering［M］. New York：Prentice Hall, 1985：105-160.

[28] CUNDALL P A. The measurement and analysis of acceleration in rock slops［D］. London：University of London, 1971.

[29] POTYONDY D O, CUNDALL P A. A bonded-particle model for rock［J］. Rock Mech. & Min. Sci., 2004, 41（8）：1329-1364.

[30] PIERCE M E, CUNDALL P A. PFC3D modeling of caved rock under draw［A］. Proceedings of the 1st International PFC Symposium, Gelsenkirchen, Germany, 2002.

[31] CUNDALL P A. A discontinuous future for numerical modeling in soil and rock［A］. Proceedings of the Third International Conference, Santa Fe, 2002.

[32] KULATILAKE P H S W, MALAMA B, WANG J L. Physical and particle flow modeling of jointed rock block behavior under uniaxial loading［J］. Rock Mechanics and Mining Sciences, 2001, 38（5）：641-657.

[33] WANNE T S, YOUNG R P. Bonded-particle modeling of thermally fractured granite［J］. Rock Mechanics and Mining Sciences, 2008, 45（5）：789-799.

[34] 杨成伟，张文杰，曾远．节理岩体岩桥断裂扩展机制细观模拟［J］．广东水利水电，2007（2）：18-20.

[35] 刘顺桂，刘海宁，王思敬，等．断续节理直剪试验与PFC2D数值模拟分析［J］．岩石力

学与工程学报, 2008, 27 (9): 1828-1836.

[36] 余华中, 阮怀宁, 褚卫江. 岩石节理剪切力学行为的颗粒流数值模拟 [J]. 岩石力学与工程学报, 2013, 32 (7): 1482-1490.

[37] 夏才初, 宋英龙, 唐志成, 等. 粗糙节理剪切性质的颗粒流数值模拟 [J]. 岩石力学与工程学报, 2012, 31 (8): 1545-1552.

[38] CUNDALL P A, STRACK O D L. A discrete numerical model for granular assemblies [J]. Geotechnique, 1979, 29: 47-65.

[39] CUNDALL P A. Computer model for simulating progressive large scale movements in blocky systems [A]. Proceedings of Symposium of Int. Soci. Rock Mech., Nacy, France, 1971.

[40] 王泳嘉, 郭爱民. 离散单元法及其在岩土力学中的应用 [M]. 沈阳: 东北大学出版社, 1991: 56-71.

[41] CUNDALL P A, STRACK O D L. Modeling of microscopic mechanisms in granular material [J]. Mechanics of Granular Materials, 1983, 7: 137-149.

[42] 王泳嘉, 陶连金, 邢纪波. 近距离煤层开采相互作用的离散元模拟研究 [J]. 东北大学学报, 1997, 18 (4): 374-377.

[43] 徐泳, 黄文彬. 离散单元法研究进展 [J]. 力学进展, 2003, 33 (2): 251-260.

[44] 汪远年, 李世海. 断续节理岩体随机模型三维离散元数值模拟 [J]. 岩石力学与工程学报, 2004, 23 (21): 3652-3658.

[45] 汪远年, 李世海. 三维离散元计算参数选取方法研究 [J]. 岩石力学与工程学报, 2004, 23 (21): 3658-3664.

[46] 俞良群, 邢纪波. 筒仓装卸料时力场及流场的数值模拟与实验验证 [J]. 烟台大学学报, 1999, 12 (4): 256-262.

[47] 俞良群, 邢纪波. 筒仓装卸料时力场及流场的离散单元法模拟 [J]. 农业工程学报, 2000, 16 (4): 15-19.

[48] 刘文白, 周健. 上拔荷载作用下桩的颗粒流数值模拟 [J]. 岩土工程学报, 2004, 26 (4): 517-521.

[49] 周健, 池泳. 砂土力学性质的细观模拟 [J]. 岩土力学, 2003, 24 (6): 901-906.

[50] 周健, 张刚, 孔戈. 渗流的颗粒流细观模拟 [J]. 水利学报, 2006, 37 (1): 28-32.

[51] 李红艳. 存在填隙流体时颗粒间的相互作用及其在 DEM 中的应用 [D]. 北京: 中国农业大学, 2001.

[52] 徐春晖. 存在填隙流体颗粒离散元法理论研究 [D]. 北京: 中国农业大学, 2003.

[53] 杨全文. 离散元法干颗粒接触模型研究及微机可视化程序设计 [D]. 北京: 中国农业大学, 2001.

[54] 蒋明镜, 孙亚, 王华宁, 等. 全断面隧道掘进机破岩机理离散元分析 [J]. 同济大学学

报 (自然科学版)，2016，44 (7)：1038-1044.

[55] 杨圣奇，黄彦华. TBM 滚刀破岩过程及细观机理颗粒流模拟 [J]. 煤炭学报，2015，40 (6)：1235-1244.

[56] LI J, WEBB C, PANDIELLA S S, et al. Discrete particle motion on sieves a numerical study using the DEM simulation [J]. Powder Technology, 2003, 133 (1/2/3)：190-202.

[57] NOUCHI T, YU A B, TAKEDA K. Experimental and numerical investigation of the effect of buoyancy force on solid flow [J]. Powder Technology, 2003, 134 (1/2)：98-107.

[58] POTYONDY D, AUTIO J. Bonded-particle simulations of the insitu failure test at Olkiluoto. In: Elsworth D, Tinucci J, Heasley K, editors. Rock mechanics in the national interest [A]. Proceedings of the 38th US Rock Mechanics Symposium, 2001.

[59] POTYONDY D, CUNDALL P A. The PFC model for rock: predicting rock-mass damage at the underground research laboratory [R]. Itasca Consulting Group, Inc. Report no. 06819-REP-01200-10061-R00, 2001.

2 岩体颗粒流细观模型

目前，岩土工程数值模型方法有很多，有以连续介质为研究对象的方法，比如有限单元法（FEM）和快速拉格朗日法（FLAC）等，此外还有一种不连续介质力学的方法，如离散单元法（PFC2D、PFC3D、3DEC、UDEC）和块体理论（DDA）等。本章主要通过颗粒流方法来模拟岩石试样及节理岩石试样的变形特性，利用颗粒流程序（particle flow code，PFC），建立岩体的颗粒流细观模型，为后续开发和应用节理岩体损伤数值模型做好准备。

本章的重点是根据颗粒流的基本原理，先通过颗粒流方法的基本假设和特点及基本模型和参数选取来加深对颗粒流方法的进一步理解和掌握，然后建立一般岩样力学模型，再给其添加节理特性，最后实现节理岩体力学模型的建立。

2.1 颗粒流方法简介

颗粒流方法是不连续介质力学的方法。其中 PFC 是在该思路上发展起来的一种离散单元法，它通过模拟圆颗粒介质的运动及其相互作用来研究颗粒介质的特性[1]。在颗粒单元研究的基础上，通过一种非连续的数值方法来解决含有复杂变形模式的实际问题。关于颗粒流方法在岩体工程中的应用，即把岩体无限细分为散粒介质，然后从散粒介质的细观力学特征出发，把岩体的力学响应问题从物理领域映射到数学领域内进行数值求解。物理领域内真实的介质颗粒被数学领域内抽象的颗粒单元所代表，抽象为接触本构模型，并通过对试样颗粒单元的几何性状的设计，彼此相互作用。该理论用数值模拟方法来确定边界条件，进行试样若干应力平衡状态的迭代分析等，直至达到使数值模拟试样的宏观力学特性逼近真实材料的力学相应特性[2]。

2.1.1 颗粒流方法的基本假设

颗粒流方法在模拟过程中进行了如下的基本假设：

（1）颗粒单元为刚性体，不考虑破坏；

（2）颗粒单元为圆盘形（或球）；

（3）接触发生在很小的范围内，即点接触；

（4）接触特性为柔性接触，接触处允许有一定的"重叠"量，与颗粒大小相比，"重叠"量很小；

（5）"重叠"量的大小与接触力有关；

（6）接触处有特殊的连接强度。

对于实际工程系统中大部分变形都被解释为介质沿相互接触面的表面发生运动的情况来说，颗粒为刚性的假设显得非常重要。对于密实颗粒集合体或者粒状颗粒集合体材料的变形来说，使用这种假设是非常恰当的。这是因为这些材料的变形主要来自颗粒刚性体的滑移和转动及接触界面处的张开和闭锁，而不是来自单个颗粒本身的变形。

在颗粒流模型中，除了存在代表材料的圆盘形或球形颗粒外，还包括代表边界的墙。颗粒和墙之间通过相互接触处重叠产生的接触力发生作用，对于每一个颗粒都满足运动方程，而对于墙不满足运动方程，即作用于墙上的接触力不会影响墙。墙的运动是通过人为给定速度，并且不受作用在其上的接触力的影响。同样，两个墙之间也不会产生接触力，所以颗粒流程序只存在颗粒-颗粒接触模型和颗粒-墙接触模型[1]。

颗粒流方法可以直接模拟圆形颗粒的运动和相互作用问题。颗粒可以代表材料中的个别颗粒，也可以代表黏结在一起的固体材料，例如岩石。当黏结以渐进的方式破坏时，它能够破裂。黏结在一起的集合体可以是各向同性，也可以被分成一些离散的区域或块体。对于岩石这种特殊材料，没有必要采用精确的颗粒变形模型来获得整体性的近似。为了获得岩体内部的力学特性，可以将岩体看作由许多小颗粒堆积的颗粒集合体组成的固体，并通过定义有代表性的测量区域（测量圆），然后取平均值来近似度量岩体内部应力和应变率。

此外，颗粒流理论也可以应用于服从一定的边界条件和初始条件的固体材料特性分析，比如岩体。在这种模型中，岩体材料的连续特性通过将岩体看成由很多非常小的颗粒单元的密实组合体来近似处理。

对于节理岩体来说，是由多种矿物晶粒、孔隙和胶结物组成集合体，并且由于受力出现裂隙而形成的地质体。它具有明显的不连续性，完全可以看作是由无数黏结在一起的颗粒组成，并通过颗粒之间的接触力发生作用，所以，以上基本假设完全适用。

2.1.2 颗粒流方法的特点

颗粒流方法（PFC）既可直接模拟圆形颗粒的运动与相互作用问题，也可以通过两个或多个颗粒与其直接相邻的颗粒连接形成任意形状的组合体来模拟块体结构问题。颗粒流试样中颗粒单元的直径可以通过单元生成器根据所描述的单元分布规律自动进行统计并生成单元，也可以根据实际要求任意定义数值。可以通过调整颗粒单元的直径，来调节孔隙率。除此之外，还可以通过定义有效地模拟岩体中节理等弱面。颗粒间接触相对位移可以直接通过坐标来计算，而不需要增量位移。颗粒之间的接触可用以下模拟：

（1）线性弹簧或 Hertz-Mindlin 法则；

（2）库仑滑块；

（3）可选择的连接类型，如一种是点接触，另一种是用平行的弹簧连接，这种平行的弹簧连接可以抵抗弯曲。

加载过程可以通过重力来模拟，或者是移动墙（墙即定义颗粒模型范围的边界），墙可以用任意数量的线段来定义，墙与墙间可以有任意连接方式、任意的线速度或角速度。

颗粒流方法采用按时步显式计算，这种计算方法的优点是所有矩阵不需存储，所以大量的颗粒单元只需配置适中的计算机内存。另外，可提供局部无黏性阻尼，这种形式的阻尼有以下优点：

（1）匀速运动时体力接近于零，只有加速运动时才有阻尼；

（2）阻尼系数是无因次的；

（3）因阻尼系数不随频率变化，不同颗粒组合体可用相同的阻尼系数。

颗粒流方法把整个散体系统分解为有限数量的离散单元，每个颗粒或块体为一个单元，根据全过程中的每一时刻各颗粒间的相互作用和牛顿运动定律的交替反复运用预测颗粒群的行为。其理论的核心是颗粒间作用模型，运算法则是以运动方程为基础，计算时避免了结构分析中通常用到的复杂矩阵求逆的过程。它用来模拟离散的颗粒间的碰撞过程，以及经过几百次甚至上千次的碰撞后，颗粒的一些运动特性，如应力、速度等。

目前还没有完善的理论可以直接从微观特性来预见宏观特性，要使模拟结果与实测结果相吻合比较困难，所以需要反复试验。但是，通过颗粒流数值实验，可以给出一些指导性原则，使得模型与原型之间特性相吻合。例如，哪一个因素对某些特性有影响，而对另一些特性影响不大，同时可以获得一些对固体力学（特别是在断裂力学和损伤力学领域）特性的基本认识。根据其处理问题的不同，选用的颗粒模型和计算方法也不同。于是根据离散单元的几何特征分为块体（如 UDEC）和颗粒（如 PFC）两大分支，但是与块体及其他离散元程序方法相比，颗粒有以下优点：

（1）具有潜在的高效率。因为确定圆形颗粒间的接触特性比不规则块体容易。实际的界面接触情况非常复杂，根本无法确定究竟有哪些点相接触，但是在其他离散元理论中，如果两个块体单元的边界相互"叠合"，虽然接触的模式远比这种两个角点复杂，但是还是假设只有两个角点与界面接触，用界面两端的作用力来代替该界面上的力，采用最为简单的两个角点相接触的"界面叠合"模式。尽管如此，这种接触的判断方法还是比 PFC 模型复杂。

（2）颗粒流程序有能力对成千上万个颗粒的相互作用问题进行动态模拟。而对于其他离散元理论来说，情况将变得非常复杂，难以应付。

（3）颗粒流程序对于能够模拟的位移大小没有限制，所以可以有效地模拟大变形问题；颗粒流模拟的块体是由约束在一起的颗粒形成的，这些块体可以因约束的破坏而彼此分离，块体的分离和断裂过程可以通过约束的逐渐破坏来表征。但在 UDEC 和 3DEC 中块体是不可分离的。

综上，与其他离散元方法相比，颗粒流方法可以更好地模拟大变形问题及节理岩体细观结构变化及其力学特性，比如模拟塌方和围岩稳定性分析等。

2.2　颗粒流的物理模型和本构模型

2.2.1　颗粒流的物理模型

在解决连续介质力学问题时，除了边界条件外，还有三个方程必须满足，即平衡方程、变形协调方程和本构方程。变形协调方程保证介质的变形连续性，本构方程（物理方程）表征了介质应力和应变的物理关系。对于颗粒流而言，由于介质一开始就假定为离散颗粒体的集合，故颗粒之间没有变形协调的约束，但平衡方程需要满足。如果某个颗粒受到与它接触的周围颗粒的合力和合力距不等于零，则不平衡力和不平衡力矩将使该颗粒根据牛顿第二运动定律的规律运动。

运动的颗粒不是自由的, 它会遇到邻接颗粒的阻力。

颗粒流方法以牛顿第二定律和力-位移定律为基础, 对模型进行循环计算。在计算循环中, 采用显式时步循环运算法则, 并不断更新墙体位置。这种计算按照时步迭代并遍历整个颗粒集合, 直到每个颗粒的不平衡力和不平衡力矩小于允许值为止。颗粒与颗粒之间的连接或者颗粒与墙体之间的接触, 在计算过程中自动形成或破坏。其计算过程示意图如图 2.1 所示。

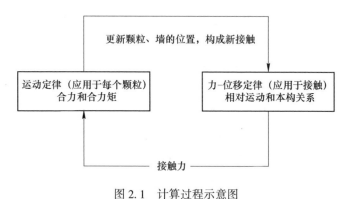

图 2.1 计算过程示意图

2.2.1.1 物理方程——力和位移的关系

通过力和位移定律把相互接触的两部分的力和位移联系起来, 颗粒流模型中接触形式有"球-球"接触和"球-墙"接触两种。

接触点的位置根据两个接触实体单元法向量 n_i 来描述。对于"球-球"接触, 单位法向向量 n_i 是沿着两接触颗粒中心连线的方向。对于"球-墙"接触的情况, 单位法向量 n_i 是沿着颗粒中心到墙体最短距离的直线的方向。接触力可以分解为沿法线方向的法向分量和在接触平面内的切向分量。力-位移定律通过接触处的法向刚度和切向刚度将接触力的分量与法向和切向相对位移联系起来。假定两接触实体之间的法向力 F_n 正比于它们之间法向"重叠"量 u_n , 即:

$$F_n = k_n u_n \tag{2.1}$$

式中 k_n ——法向接触刚度系数。

这里所谓的"重叠"是计算时假定的一个量, 将它乘上一个比例系数作为法向力的一种度量。在计算过程中, k_n 值必须选得比较精确, 否则整个结构运动变形过程将和实际相差很大。由于颗粒所受的剪切力与颗粒运动和加载的历史或途径有关, 所以对剪切力以增量形式计算。当接触形成时, 总的切向接触力 F_s

初始化为零，以后的相对位移引起的弹性切向接触力累加到现值上。

$$F_{s,i} \leftarrow F_{s,i-1} + k_s \Delta u_s \tag{2.2}$$

式中 k_s ——切向接触刚度系数。

2.2.1.2 运动方程——牛顿第二运动定律

单个颗粒的运动是由作用在其上的合力和合力矩决定，根据颗粒与其邻接实体的关系，可以利用上述原理计算出来，并根据牛顿第二运动定律确定颗粒的线加速度和角加速度，进而可以确定在时步 Δt 内的颗粒的运动。运动方程由两组向量方程表示，一组是合力与线性运动的关系，另一组是表示合力矩与旋转运动的关系，分别如式 (2.3) ~式 (2.5) 所示。

$$F_x = m\ddot{x} \tag{2.3}$$

$$F_y = m(y - g) \tag{2.4}$$

$$M_i = \dot{H}_i \tag{2.5}$$

式中 F_x, F_y ——施加于颗粒上的 x、y 方向的合力；

   m——颗粒质量；

   y——颗粒运动加速度；

   g——重力加速度；

   M_i——合力矩；

   $\dot{H}_i$——角动量。

例如，对于 x 方向的加速度

$$\ddot{x} = \frac{F_x}{m} \tag{2.6}$$

对式 (2.6) 采用向前差分格式进行数值积分，可以得到颗粒 t_1 时间内沿 x 方向的速度 $\dot{x}(t_1)$ 和位移 $x(t_1)$：

$$\dot{x}(t_1) = \dot{x}(t_0) + \ddot{x}\Delta t \tag{2.7}$$

$$x(t_1) = x(t_0) + \dot{x}\Delta t \tag{2.8}$$

式中 t_0——起始时间；

  Δt——时步；

  t_1——颗粒运动时间，$t_1 = t_0 + \Delta t$。

对于颗粒沿 y 方向的运动及其转动，有类似的算式。

2.2.1.3 计算方法——动态松弛法

离散单元法的计算原理简单，一般所用到的求解方法有静态松弛法和动态松弛法，利用中心差分法进行松弛求解。动态松弛法是把非线性静力学问题化为动力学问题求解的一种数值方法，它是一种显式解法。并且不需要去求解大型的矩阵，计算比较简单，这就避免了对计算机硬件的要求，同时也节省计算时间，并且允许单元发生很大的平移和转动，因此克服了以往有限单元和边界单元法的小变形假设，可以用来求解一些非线性问题。

该方法的实质是对临界阻尼振动方程进行逐步积分。为了保证求得准静解，一般都采用质量阻尼和刚度阻尼来吸收系统的能量，当阻尼系数取值稍小于某一临界值时，系统的振动将以尽可能快的速度消失，同时函数收敛于静态值。由于被解方程是时间的线性函数，整个计算过程只需要直接代换，即利用前一迭代的函数值计算新的函数值，因此，对于非线性问题也能加以考虑，这是动态松弛的最大优点。其具体求解方法可通过下面的简单例子来说明。离散单元法的基本运动方程为：

$$m\ddot{x}(t) + c\dot{x}(t) + kx(t) = f(t) \tag{2.9}$$

式中　m——单元的质量；

　　$x(t)$——时间 t 时的位移；

　　t——时间；

　　c——黏性阻尼系数；

　　k——刚度系数；

　$f(t)$——时间 t 时，单元所受的外荷载。

式（2.9）的动态松弛解法就是假定 $t + \Delta t$ 时刻以前的变量 $f(t)$、$x(t)$、$\dot{x}(t - \Delta t)$、$\ddot{x}(t - \Delta t)$ 及 $x(t - \Delta t)$ 等已知，利用中心差分法，上式可以变成：

$$\frac{m[x(t + \Delta t) - 2x(t) + x(t - \Delta t)]}{(\Delta t)^2} + \frac{c[x(t + \Delta t) - x(t - \Delta t)]}{(2\Delta t)^2} = f(t) \tag{2.10}$$

式中　Δt——计算时步。

由式（2.10）可以解得：

$$x(t + \Delta t) = \{(\Delta t)^2 f(t) + (c\Delta t/2 - m)x(t - \Delta t) + [2m - k(\Delta t)^2]x(t)\}/(m + c\Delta t/2) \tag{2.11}$$

由于式（2.11）中右边的量都是已知的，因此可以求出左边的量 $x(t+\Delta t)$，再将 $x(t+\Delta t)$ 代入式（2.7）和式（2.8），就可以得到颗粒在 t 时刻的速度 $\dot{x}(t)$ 和加速度 $\ddot{x}(t)$：

$$\dot{x}(t) = \frac{x(t+\Delta t) - x(t-\Delta t)}{2\Delta t} \tag{2.12}$$

$$\ddot{x}(t) = \frac{\dot{x}(t+\Delta t) - 2x(t) + x(t-\Delta t)}{(\Delta t)^2} \tag{2.13}$$

2.2.2 颗粒流的本构模型

接触模型分为刚度模型、滑动模型、黏结模型。刚度模型是在接触力和相对位移之间规定弹性关系；滑动模型是在法向和切向力之间建立关系，联系两个接触球体相对运动；黏结模型是限定法向力和剪力的合力最大值。任何形式的接触模型都可以用户自定义，并使用 DLL 动态链接库应用于颗粒流程序（PFC）。

2.2.2.1 接触刚度模型

该模型中，法向接触刚度采用割线刚度，而剪切接触刚度采用切线刚度。所以，只要知道相对法向位移就可以直接计算总的法向力，而给定一个相对剪切位移增量，只能计算剪切力增量。同时，法向接触刚度的改变将改变整个颗粒组，而剪切接触刚度的改变只是影响剪切力的新的增量。

用两种接触刚度模型：线性刚度模型和 Hertz-Mindlin 模型。线性接触模型通过法向和剪切刚度定义。两个接触实体的接触刚度假定是串联的，以此来计算联合刚度。Hertz-Mindlin 模型是基于 Mindlin 和 Deresiewicz 理论的近似非线性接触公式，仅严格适用于球体接触问题，与剪切中的连续非线性不同，而且，采用了与法向力有关的初始剪切模量。Hertz-Mindlin 模型采用了两个参数，即两个接触球体的剪切模量 G 和泊松比。在 BALL 或 GENERATE 命令后加上关键字"herz"即可激活 Hertz-Mindlin 模型。球与球的接触，弹性参数采用平均值；球与墙接触时，假设墙体为刚体，因此只采用球体的弹性参数。当采用 Hertz 接触模型时，特别是在剧烈改变的条件下，建议在时间步长上采用较小的安全系数（如采用0.25 的安全系数代替默认的 0.8）。Hertz-Mindlin 是非线性刚度模型，简化 Hertz-Mindlin 模型适用于模拟无黏结、小应变、压缩应力的情况。例如，波在密沙中的传播特性是侧压的函数，为了得到准确的波速，必须采用变化刚度的 Hertz-Mindlin 模型。

2.2.2.2　滑动和分离模型

滑动模型是两个接触实体的内在特性，采用限制剪切力的方式，在张拉时无法向强度，并允许滑动。该模型总是激活的，除非设置了接触黏结。这两种模型都描述了颗粒点接触的本构关系；另一方面，平行黏结模型描述了黏结性材料中存在于两个球体间的本构关系。这两种关系可以同时发生，因此，当没有接触黏结时，滑动模型可以在平行黏结模型中激活。滑动模型采用摩擦系数来定义，摩擦系数采用两个接触实体中最小的那个摩擦系数，并采用"property"命令的关键字"friction"来定义摩擦系数。

2.2.2.3　黏结模型

黏结模型有两种，包括接触黏结模型和平行黏结模型。接触黏结为球与球之间通过一点发生接触；平行黏结模拟球体接触后有其他黏结性材料填充的情况，该黏结性材料的有效刚度与接触点刚度并联连接，任何作用在两个颗粒上的附加荷载都会分配给接触弹簧和平行黏结弹簧。接触黏结通过一点发生接触，因此不能阻止相互接触的两个颗粒的相对转动，但是当一个颗粒绕另一个颗粒转动时，只要黏结不发生破坏，则将保持接触点的黏结大小不变而只改变方向。但一般而言，一个球往往与周围多个球发生点接触，这些点黏结联合起来形成约束，可以阻止球的转动。平行黏结可以形成抗力和抗力矩，因此可以阻止颗粒转动。但是，当平行黏结为柔性时，颗粒间发生相对运动也是可以的。需要注意的是，平行黏结的存在不影响点接触条件，因此如果没有点接触黏结，滑动和分离都可以发生，即平行黏结。如果需要使颗粒间的相对运动最小，则接触黏结和平行黏结都要设置。

接触黏结适用条件有：当需要提供法向拉力和剪切接触力的极限时；当需要创建一些黏结性的颗粒组，这些颗粒在撤除侧墙后仍然能保持在一起的情况。当没有接触黏结的时候，可以使用滑动模型，但滑动模型不能提供法向抗拉强度，而是通过摩擦系数和法向压力限制剪切接触力。平行黏结适用条件有：（1）当需要在接触处考虑无滑动的转动时；（2）当需要模拟颗粒组加载后的黏结过程时。

2.2.2.4　其他模型

除了以上几种常用模型外，在 PFC 中还有以下几种简单基本模型。如备选模型、简化黏弹性模型、简化塑性模型、位移-软化模型、滞后阻尼模型、伯格斯模型和黏滞阻尼接触模型等。

备选模型采用命令"MODEL"调用，但"MODEL"命令只能应用于已经存在的接触上，对于将来新形成的接触，需要使用"fishcall"函数为新接触提供模型。用户自定义的模型，要在使用"config cppudm"命令后使用"model load"命令将其加载入 PFC2D。然后，这些模型可以采用"MODEL"命令调用。

简化黏弹性模型（simple viscoelastic model）是考虑简化了黏弹性模型，剪切模型由一个弹簧和一个黏壶串联组成。

简化塑性模型（simple ductile model）修正了接触黏结模型，在接触黏结的脆性破坏中引入一个软化范围。采用"MODEL ductile"命令调用该模型。

位移-软化模型的英文名称为 Displacement-softening model，一个通用的位移-软化模型可以采用命令"MODEL softening"调用。

滞后阻尼模型（hysdamp model）是采用滞后阻尼，在摩擦滑动的线性接触模型中，引入能量耗散。在"config cppudm"命令之后输入"model load hyswrv. dll"命令，然后就可以用"model hysdamp"命令调用该模型。如果 hys_inheritprop 设为 1，即使已经指明法向刚度、切向刚度、摩擦系数、接触法向强度（contact bond normal strength）、接触剪切强度（contact bond shear strength），模型还是会设置这些参数值。如果 hys_inheritprop 设为 0，则必须指定这些参数（至少要指定法向刚度），否则在循环之前程序会给出错误信息。在滞后阻尼模型中，法向刚度在卸载时比加载时要大，滞后阻尼在接触前后独立于两个实体的相对速度。建议预设两个刚度的比值（hys_dampn）以得到一个可测值，如回复系数。滞后阻尼模型适用于有相对大运动的碰撞问题，但不适用于致密颗粒组问题。

伯格斯模型（Burger's model）分别在法向和切向采用马克斯威尔模型和开尔文模型串联来模拟蠕变机理。在"config cppudm"命令之后输入"model load burwrv. dll"命令，然后就可以用"model burger"命令调用该模型。

黏滞阻尼接触模型（viscous damping contact model）是采用黏滞阻尼，在摩擦滑动的线性接触模型中，引入能量耗散。该模型也用于接触-黏结模型。该模型与相对速度有关。在"config cppudm"命令之后输入"model load viswrv. dll"命令，然后就可以用"model visdamp"命令调用该模型。

2.3 颗粒流物理参数确定及解题途径

2.3.1 物理参数的确定

颗粒流程序模拟中，时步、微分密度缩放比例因子是影响系统稳定和模拟效率的基本参数，对于模拟节理岩体的力学特性来说，这两个参数的准确设定尤为重要。除此之外，关于节理平面的设置也很重要。

2.3.1.1 时步的确定

离散单元法模型使用显式中心差分法对运动方程进行积分来计算颗粒的速度和位移。只有当时步不超过关键时步时，其解才能稳定。根据离散单元法的基本思想，假定在单个时步期间，颗粒运动的速度和加速度是恒定不变的。依据这个假设，作用在任意颗粒上的合力，始终由与其接触的颗粒的相互作用来唯一确定。在颗粒流动态模拟中，所选择的时步很小，以至于在一个单个时步期间，任意一个颗粒的扰动只能传播给其最邻近的颗粒，不能传播更远的距离。关键时步的确定与体系的最小特征区间有关，对于 PFC 这种经常不断变化的体系，进行特征值分析是不可能的。所以，必须采用一种简化方法在每一循环开始时来确定关键时步。

对于线性运动来说，为了简化计算关键时步，考虑一维质点-弹簧体系，如图 2.2 所示。

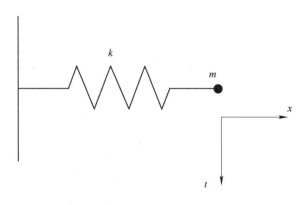

图 2.2　一维质点-弹簧体系

图 2.2 中，m 为质点质量，k 为弹簧刚度，质点运动由方程 $-kx = m\ddot{x}$ 控制，在 1976 年，Bathe 提出关键时步由该方程的二阶有限差分方式确定：

$$t_{cri} = \frac{T}{\pi} \qquad (2.14)$$

式中　T——系统周期，$T = 2\pi\sqrt{m/k}$。

下面考虑无限序列的质点-弹簧体系（见图 2.3），当体系内质点同步相对运动时，体系将产生最小的周期，此时弹簧中心将不产生运动。这个体系的关键时步为：

$$t_{cri} = \sqrt{\frac{m}{4k}} = \sqrt{\frac{m}{k}} \qquad (2.15)$$

式中，k——各个弹簧的刚度。

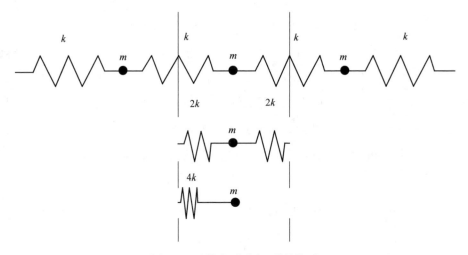

图 2.3　无限序列质点-弹簧体系

对于旋转运动来说，将质量 m 用惯性矩 I 代替，刚度用旋转刚度代替。所以，对于广义复合质点弹簧体系，关键时步可表示为：

$$t_{cri} = \begin{cases} \sqrt{\dfrac{m}{k_{tran}}} \\ \sqrt{\dfrac{I}{k_{rot}}} \end{cases} \qquad (2.16)$$

式中　k_{tran}，k_{rot}——线性刚度和旋转刚度。

2.3.1.2 微分密度因子

关于上述介绍的自动确定关键时步的过程，对静态或非静态问题都是一种有效的解题途径。颗粒流程序模型可以根据上述介绍的过程自动确定关键时步。当需要确定静态解时，这里为了与静态平衡或稳态流动相对应，所有颗粒单元加速度为零。此时就需要引入微分密度因子，来减少达到静态平衡所需的循环时步。当引入微分密度因子时，在每一循环时步开始前修改每个颗粒单元的惯性质量，使得稳定准则方程式（式（2.16））在一个循环时步内即可满足。PFC 中微分密度因子通过"SET dt dscale"引入。此时运动方程（式（2.9）和式（2.10））修改为：

$$F_i = m_i \ddot{x}_i - m_g g_i \tag{2.17}$$

$$M = I\dot{\omega} = \beta m_i R^2 \dot{\omega} \tag{2.18}$$

式中　F_i——颗粒所受合力；

　m_i, m_g——惯性质量和重力加速度质量；

　　M——惯性矩；

　　R——颗粒半径；

　　β——取 $1/2$。

应注意的是，m_g 始终为颗粒的实际质量，在没有微分密度因子时 $m_i = m_g$。颗粒速度可以表示为：

$$\dot{x}(t + \Delta t/2) = \dot{x}(t - \Delta t/2) + \left(\frac{F_i(t)}{m_i} + \frac{m(r)}{m_i} g_i \right) \Delta t \tag{2.19}$$

$$\omega(t + \Delta t/2) = \omega(t - \Delta t/2) + \frac{M(t)}{\beta m_i R^2} \Delta t \tag{2.20}$$

2.3.1.3 节理平面

使用"JSET"命令，用关键字 DIP（倾角）和 ORIGIN（平面上一点）指定方向和位置，可以创建单个或一组节理平面。设置节理平面后，会自动识别落在节理平面上的接触，赋予节理号，并分配不同于其他接触的接触模型和特性。节理号可以用"PRINT CONTACT"命令显示。

2.3.2 颗粒流方法解题途径

为了使数值模拟过程中能有正确的模拟步骤，接下来对用颗粒流方法解题过程中的步骤进行详细分析。

2.3.2.1 定义模拟对象

根据模拟对象和目的定义模型的详细程度，假如只对某一力学机制的不同解释做出判断时，只要在模型中能体现要解释的机制即可，可以建立一个比较粗略的模型，对所模拟问题影响不大的特性可以忽略。

2.3.2.2 建立力学模型的基本概念

首先对分析对象在一定初始条件下的特性形成初步概念。为此，应先提出一些问题，例如，系统是否将变为不稳定系统，系统结构有无对称性，是否需要定义介质的不连续性，问题变形的大小，主要力学特性是否非线性，系统边界是实际边界还是无限边界等。综合以上内容来描述模型的大致特征，包括颗粒单元的设计，边界条件的确定，接触类型的选择及初始平衡状态的分析。

2.3.2.3 构造并运行简化模型

在建立实际工程模型之前，先构造并运行一系列简化的测试模型，可以提高解题效率。通过这种前期简化模型的运行，可对力学系统的概念有更深入的了解。例如，所选的接触类型是否具有代表性，边界条件对模型结果的影响程度，如果需要还得将力学模型加以修改。

2.3.2.4 补充模拟问题的数据资料

模拟实际工程问题需要大量简化模型运行的结果，对于岩体工程来说包括：

（1）几何特性，如地下开挖硐室的形状、坝体形状、地形地貌、岩体结构等；

（2）地质构造位置，如节理、断层、层面等；

（3）岩体特性，如弹塑性、后破坏特性等；

（4）初始条件，如原位应力状态、饱和度、孔隙压力等；

（5）外荷载，如开挖应力、冲击荷载等。

因为一些实际工程性质的不确定性（特别是强度特性、应力状态和变形），所以必须选择合理的参数研究范围。简化模型的构造和运行有助于解决类似问题，从而为进一步的试验提供资料。

2.3.2.5 模拟运行的进一步准备

（1）合理确定每一时间步长所需时间，若运行所需时间过长，则很难得到有意义的结论，需要考虑在多台计算机上同时运行。

（2）模型的运行状态应及时保存，以便在后续运行中调用其结果。例如，若分析中有多次加、卸载过程，则需要实现能够方便地退回到每一过程，并在改变参数后可以继续运行。

（3）在程序中应设有足够的监控点（如不平衡力、参数变化处等），对中间模拟结果随时作出比较分析，并分析颗粒流动状态。

2.3.2.6 运行计算模型

在模型正式运行之前，根据一些特性参数的试验或理论计算结果，先运行一些检验模型来检查模拟结果是否合理，当确定模型运行正确无误时，再去连接所有的数据文件进行计算。

2.3.2.7 解释结果

将计算结果与实测结果进行比较分析。模型中的任何变量的数值都应当能够方便地输出分析。比较理想的解释方式是将模拟结果以图形的方式直接显示在计算机屏幕或者从硬件绘图设备中输出。应当保证图形的输出格式能够直接与实测结果进行对比，并能够清晰反映要分析的区域（如应力集中区）。

2.4　节理岩体的力学模型

岩石的形态（节理裂隙等）不同时，其力学性能也就不同。实际工程中，岩体常被节理、夹层、断层等结构面所切割，构造十分复杂。由于节理的存在，岩体的工程力学性质受到严重影响。岩体的抗剪强度和变形性质等都会因节理的存在而发生改变。因此，节理是一个很重要的因素。

节理岩体在物理、力学特征上较一般工程材料具有更显著的各向异性、非线性及非连续性，其变形与破坏性质十分复杂。针对各项特性，国内外学者进行了不同的尝试，相继提出了很多节理岩体的本构模型，如各种接触模型、滞后阻尼模型、伯格斯模型和黏滞阻尼模型等[3]。

由前文提到的离散单元法的基本思想和颗粒流方法的简介，可以得出关于节理岩体的数值模拟，最理想的数值模拟工具是颗粒流程序。本书在前人研究的基础上，结合 Mohr-Coulomb 准则，引入颗粒接触连接本构关系，通过离散元二次开发，编写 FISH 语言，引入颗粒流程序，结合相邻颗粒位置，常规的粒子特征被应用于颗粒单元结构中。该子程序利用材料参数赋值功能将细观参数分别赋予节理岩体数值模型，模拟体内的颗粒聚合体。同时考虑到尺寸、围压等对其特性具有明显的影响，在进行模拟时采用分步加载的方式，力求与实际相符。

2.4.1　岩样模型的建立

根据离散元方法中黏结和接触模型的基本物理意义，结合岩石材料常规的劈裂强度、剪切强度和模量，建立离散元微观参数与材料模量、强度等宏观性能参数的关系。

在颗粒流程序中，材料的本构特性是通过接触本构模型来模拟的。接触刚度模型是通过设定颗粒接触的法向割线刚度和切向刚度，将颗粒间的接触力与相对位移联系起来。颗粒流程序提供了两种接触模型，一种是常接触刚度的线性接触模型，另一种是变接触刚度 Hertz-Mindlin 非线性接触模型（简称 H-M 模型）。由于颗粒流程序中采用的颗粒为圆球形颗粒，每个颗粒应与其周围颗粒接触，以免颗粒悬浮于试样内部。为模拟岩石颗粒间的相互作用，颗粒在接触处有法向接触力 $F_{n,ij}$、切向接触力 $F_{s,ij}$、摩擦力 $F_{f,ij}$（下标 ij 表示力由第 i 个颗粒单元通过接触作用于第 j 个颗粒单元上）。分别通过法向刚度 $K_{n,ij}$、切向刚度 $K_{s,ij}$、摩擦系数 μ_{ij}、法向相对位移 $U_{n,ij}$ 和切向相对位移 $U_{s,ij}$ 按式 (2.21) 和式 (2.23) 计算。法向接触力沿两颗粒单元圆心的连线，切向接触力和摩擦力则与之垂直。为模拟岩石颗粒间的相互作用，在本书的计算中接触刚度模型采用线性接触模型，连接模型采用平行黏结模型。法向刚度和切向刚度的关系为 $K_{n,ij} = 7.0K_{s,ij} = 2E_c t$（ E_c 为接触模量；t 为单元厚度，取值为 1），颗粒的比重在试验中取 1。

$$F_{n,ij} = K_{n,ij}U_{n,ij} \tag{2.21}$$

$$F_{s,ij} = K_{s,ij}U_{s,ij} \tag{2.22}$$

$$F_{f,ij} = \mu_{ij}F_{n,ij} = \mu_{ij}K_{n,ij}U_{n,ij} \tag{2.23}$$

平行黏结模型可以描述颗粒之间有限范围内有夹层材料的结构特性（见图 2.4）。相互连接的两个颗粒可以看作是球体或柱体。这种连接建立了颗粒间一种弹性相互作用关系，可与前面所述的滑动模型或接触连接模型同时存在。平行连接可以想象为一组有恒定法向刚度与切向刚度的弹簧均匀分布于接触平面内，这些弹簧作用的本构关系类似于点接触弹簧模拟颗粒刚度的本构特性。接触的相对运动在平行连接处产生力和力矩，作用于相互连接的颗粒上，且与连接材料的最大法向、切向应力有关。平行黏结模型是由法向刚度 $\bar{k}_{n}$、切向刚度 $\bar{k}_{s}$、法向强度 $\bar{\sigma}_{c}$、切向强度 $\bar{\tau}_{c}$ 和连接半径 $\bar{R}$ 共5个参数定义的。与平行连接相对应的总接触力和力矩用 $\bar{F}_{i}$ 和 $\bar{M}$ 表示，根据习惯，总的接触力和力矩表示平行连接在颗粒 B 上的作用，如图2.4所示。可以将总的接触力沿接触面分解为切向分量和法向分量：

$$\bar{F}_{i} = \bar{F}_{n,i} + \bar{F}_{s,i} \tag{2.24}$$

式中　$\bar{F}_{n,i}$——法向分量；

　　　$\bar{F}_{s,i}$——切向分量。

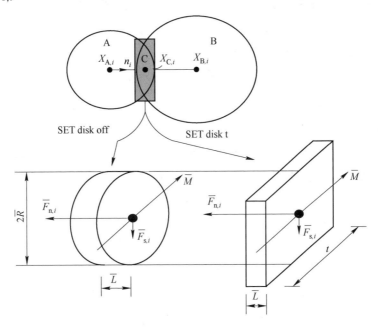

图2.4　平行黏结模型

当连接形成时，$\bar{F}_{i}$ 和 $\bar{M}$ 均初始化为零，以后在接触处由位移增量和旋转增量引起的弹性力和力矩的增量将叠加在当前值中。

在一个时步 Δt 内，弹性力增量为：

$$\Delta \bar{F}_{n,i} = (-\bar{k}_n A \Delta U_n) n_i \qquad (2.25)$$

$$\Delta \bar{F}_{s,i} = -\bar{k}_s A \Delta U_s \qquad (2.26)$$

在一个时步 Δt 内，弹性力矩增量为：

$$\Delta \bar{M} = -\bar{k}_n I \Delta \theta \qquad (2.27)$$

$$\Delta \theta = (\omega^B - \omega^A) \Delta t \qquad (2.28)$$

$$V_i = (\dot{x}_i^C)_{02} - (\dot{x}_i^C)_{01} \qquad (2.29)$$

$$A = \begin{cases} \pi \bar{R}^2 & \text{（不设圆盘厚度）} \\ \pi \bar{R} t & \text{（圆盘厚度为 } t \text{）} \end{cases} \qquad (2.30)$$

$$I = \begin{cases} \dfrac{1}{4} \pi \bar{R}^4 & \text{（不设圆盘厚度）} \\ \dfrac{2}{3} \pi \bar{R}^3 & \text{（设圆盘厚度）} \end{cases} \qquad (2.31)$$

式中 V_i ——接触速度；

  A，B ——接触面面积；

  C——A、B 公共区域的面积；

  I ——过接触点沿 $\Delta \theta$ 方向轴的惯性矩。

力矢量迭代过程为：

$$\bar{F}_{n,i} \leftarrow \bar{F}_{n,i} n_i + \Delta \bar{F}_{n,i} \qquad (2.32)$$

$$\bar{F}_{s,i} \leftarrow \bar{F}_{s,i} + \Delta \bar{F}_{s,i} \qquad (2.33)$$

力矩矢量迭代过程为：

$$\bar{M} \leftarrow \bar{M} + \Delta \bar{M} \qquad (2.34)$$

作用在连接外围的最大张应力和最大剪应力为：

$$\sigma_{\max} = \frac{-\bar{F}_n}{A} + \frac{|\bar{M}|}{I} \bar{R} \qquad (2.35)$$

$$\tau_{\max} = \frac{|F_{s,i}|}{A} \qquad (2.36)$$

当最大张应力和最大剪应力分别超过法向与切向连接强度时，平行连接发生破坏。颗粒法向刚度 b_ kn 与颗粒接触模量 E 之间的关系为：

$$\text{b\_ kn} = 2E \qquad (2.37)$$

首先确定影响系统稳定和模拟效率的基本参数为时步、微分密度缩放比例因子和阻尼。有些参数（如摩擦系数和接触刚度）与接触行为有关，需要分配给颗粒。引用颗粒流程序自带的 dll 文件，综合考虑计算量和计算精度因素，本节选定岩石颗粒流试样模型颗粒半径的分布采用从 R_{max} 到 R_{min} 的正态分布，$R_{max}/R_{min} = 1.66$。根据离散元微观参数与材料模量、强度等宏观性能参数的关系，得到岩石试样模型参数见表 2.1。颗粒模型图如图 2.5 所示。需要说明一点，针对不同的岩石试样，可以通过调整微观参数以达到更精确进行数值模拟的目的。经过反复调试，最后形成的岩样图如图 2.6 所示。

表 2.1 岩石试样模型参数

参数	R_p /mm	n	R_{min} /mm	E_c /GPa	μ	b_kn /b_ks	E	pb_kn /pb_ks	$\tan\varphi$	V /m·s⁻¹
M	0.25	0.16	0.15	78	0.15	4.0	49	1.0	0.5	0.02

注：颗粒密度为 2630 kg /m³，墙体摩擦系数为 0，侧限墙体法向刚度与颗粒法向刚度的比值为 0.1，上下墙体法向刚度与颗粒法向刚度比值为 1.0，颗粒最大半径与最小半径的比值为 1.66。

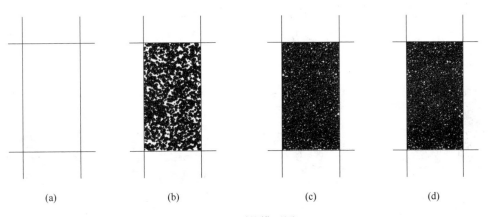

图 2.5 颗粒模型图

（a）墙体；（b）墙体+颗粒；（c）达到平衡状态；（d）加围压颗粒试样

2.4.2 节理岩体力学模型的建立

建好岩样模型以后，使用命令"PROPERTY"可以分配材料特性参数信息，用节理生成器生成弱面，赋予节理号，并分配不同于其他接触的接触模型和特性，从而对设置在材料中的不连续体进行模拟。为了更好更精确地模拟节理岩体的力学特性，与建立岩石试样模型类似，针对不同的岩体模型，可以在确定的位置设置节理面。而且针对不同的节理特性，可以通过设定节理面范围内颗粒间的

图2.6 岩样图

平行连接参数、摩擦力、法向和切向刚度等来模拟节理的力学行为。在本节中设置颗粒簇间平行连接力为0，摩擦力 $\tan\varphi = 0$，取颗粒法向刚度 n_bond $= 1\times10^3$ 和切向刚度 s_bond $= 1\times10^3$ 或者 n_bond $= 0$ 和切向刚度 s_bond $= 0$。得到的节理模型图如图2.7所示。

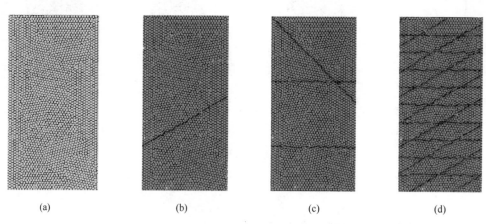

(a)   (b)   (c)   (d)

图2.7 节理模型图

（为了能够清晰显示节理，暂将岩样颗粒看作均一介质）

（a）无节理；（b）一条节理；（c）几条节理；（d）无数条节理

参 考 文 献

[1] Itasca Consulting Group Inc. PFC2D (particle flow code in 2 dimensions) theory and background

［R］. Minnesota, USA：Itasca Consulting Group Inc.,2002.

［2］ CUNDALL P A，STRACK O D L. Particle flow code in 2 Dimensions ［A］. Itasca Consulting Group Inc.,1999.

［3］ 张敏思，王述红，杨勇 . 节理岩体本构模型数值模拟及其验证 ［J］. 工程力学，2011，28 （5）：26-30.

3 节理岩体损伤数值模型

数值模拟是利用数值计算方法研究力学的各种问题。在过去的 30 多年的时间里，数值计算方法得到了迅猛的发展，与解析理论相比，数值计算有着如下的一些基本特点：（1）通过离散求解域，将复杂的宏观模型离散成可求解的若干简单模型；（2）利用计算机计算速度快和精度高的特点，快速求解问题，对于工程设计而言，它还可以达到缩短工程设计、分析周期并降低设计成本的目的；（3）计算参数便于调节，使用灵活，可考虑多种工况情形；（4）可以进行全场应力、应变计算，计算结果可以重复；（5）简化复杂的理论解析推导。正是由于数值计算有以上的优点，数值计算软件应用和发展都十分的迅猛。

把损伤力学理论应用到节理岩体的本构关系的数值研究中，可以定量描述岩体，特别是节理岩体的裂纹、裂隙、节理等的应力-应变关系，并且可以克服其弹性和塑性力学理论难以解决的困难，因此本章在前面建立的节理岩体数值模型的基础上，重点开发建立了节理岩体损伤数值模型，这是本书的核心内容。同时还进行了节理岩体损伤数值模拟的验证。为后续章节确定节理岩体的强度、讨论节理岩体的力学特性以及与工程实际相结合奠定了基础。

3.1 损伤数值模型相关问题

本节从细观损伤力学的角度出发，采用一种平均化的方法从材料内的颗粒、晶体、微裂纹、微孔洞等细观尺度上研究各类岩石损伤的形态、分布及其演化规律，然后把这些研究结果反映到岩石材料宏观力学行为的描述中[1]。

由于岩石材料的内部构造极不均质，含有不同的缺陷，各颗粒流单元所具有的强度也就不尽相同，考虑到岩石材料在加载过程中的损伤是一个连续过程，故假设：

（1）岩石颗粒单元材料损伤性质在宏观上为各向同性；

（2）无损岩石颗粒单元的平均弹性模量为 E，在破坏前具有线弹性性质；

（3）因为颗粒接触后有其他黏结材料填充，该黏结材料的有效刚度与接触点刚度并联连接，任何作用在两颗粒之间的附加荷载都会分配给接触弹簧和平行黏结弹簧；

（4）损伤程度是与颗粒之间所包含的缺陷有关，这些缺陷直接影响着岩体的强度，岩石试样的宏观劣化破坏为各个颗粒直接破坏累计值。

在岩石试样的损伤破坏试验中发现，如果持续施加在岩石试样上的压力大于初始强度，那么岩石试样将会发生以下力学性质变化：第一是应变率的削弱，第二是试样稳定性受到影响，第三是稳定破坏加速。这三个方面将导致不可逆转的材料损伤破坏。节理岩体模型将合并包含损伤力学体系的损伤模型来描述现象。但是，由于不同类型节理岩体在损伤力学机制上的差异，目前尚没有一个公认的检验标准。

在本章中，以损伤力学为基础，尝试性地提出了一种新型模型——节理岩体的损伤数值模型。它是在前面所建立的节理岩体模型的基础上，利用颗粒间黏结强度的劣化来从细观上实现材料损伤程度的劣化。设定黏聚力 c 和摩擦力角度 ϕ 将随着时间的增加而减小（PFC 中可以通过设置时间步长来模拟时间效应），设定当前压力状态决定着强度的损耗，而忽略周期循环加载软化过程、胶结物质的水的作用和其他原因对强度损耗的影响。另外，假定存在引起强度损伤的初始阶段和限制强度损伤的界限，用公式阐明如下：

$$\frac{\mathrm{d}c}{\mathrm{d}t} = -\omega_c R \quad (R \geqslant R_{\mathrm{thr}}, c \geqslant c_{\mathrm{res}}) \tag{3.1}$$

$$\frac{\mathrm{d}\phi}{\mathrm{d}t} = -\omega_\phi R \quad (R \geqslant R_{\mathrm{thr}}, \phi \geqslant \phi_{\mathrm{res}}) \tag{3.2}$$

$$R = \frac{\sigma_1 - \sigma_3}{2c\cos\phi + (\sigma_1 + \sigma_3)\sin\phi} \tag{3.3}$$

上述各式中，R 为压力系数，它表示当前压力状态与损伤压力状态的关系。当 R 大于确定值 R_{thr} 时，岩体开始出现损伤。ω_c 和 ω_ϕ 为损伤比率，用于衡量 c 和 ϕ 的增量。c_{res} 和 ϕ_{res} 为残余黏聚力和摩擦力角度。

以上关于描述材料损伤特性的公式可以通过颗粒流程序代码用一种外在的设置，即时间-行进模式来实现。从施加的外力处获得的新速度和位移量可以通过运动定律来得到。利用得到的速度来计算损伤率，同时通过构成等式得到压力值。当然，对于 PFC 代码中无法直接表达的损伤特性，可以通过自编的 FISH 语言，在每个新的循环之前，重新评估每个单元当前压力下的黏聚力和摩擦力系数，从而间接地表达出来[2-9]。

3.2 节理岩体的损伤数值模型

3.2.1 模型中颗粒性质参数的确定

在颗粒流方法中，颗粒参数与宏观试验获得的参数并不相同，指的是细观接触的特征，而目前采用微细观试验确定颗粒参数的技术还很不成熟，所以在数值模拟中参数的选择往往要通过多次试算来确定。但是其中也有一些参数有着具体的计算方法，如颗粒的接触数量、孔隙率、滑动摩擦系数、应力-应变等。

（1）颗粒的接触数量。颗粒的接触数量为每一颗粒上的平均接触数（只考虑颗粒圆心位于测量圆内的颗粒）：

$$C_n = \frac{\sum_{N_b} n_{b,c}}{N_b} \tag{3.4}$$

式中　N_b——圆心位于测量圆内的颗粒数目；

　　　$n_{b,c}$——颗粒 b 的接触数量。

（2）孔隙率。孔隙率 n 定义为测量圆内孔隙面积与面积之比：

$$n = \frac{A_{void}}{A_{circle}} = \frac{A_{circle} - A_{ball}}{A_{circle}} = 1 - \frac{A_{ball}}{A_{circle}} \tag{3.5}$$

式中　A_{ball}——量测圈内颗粒所占面积，为

$$A_{ball} = \sum_{N_P} A_P - A_{overlap} \tag{3.6}$$

式中　N_P——与量测圈相交的颗粒数；

　　　A_P——量测圈内颗粒面积；

　　　$A_{overlap}$——量测圈内颗粒重叠面积。

（3）滑动摩擦系数。滑动摩擦系数为包含在测量圆内接触发生滑动的接触摩擦系数。滑动发生的条件假设为颗粒之间没有接触连接，并且接触力的切向分量在最大允许剪切力的 1/10 范围内，即满足下式：

$$F_{s,max} = \mu |F_{n,i}| \tag{3.7}$$

（4）应力-应变。如果设定应力为一个连续量，应力一般定义为作用于单位

面积上的力，因此对于二维问题，应力就定义为作用于单位线段上的合力。然而，因为颗粒介质不是连续的，而是离散的，所以是不适用的。在颗粒流模型中计算颗粒间接触力和颗粒的位移，这些量对于微观上研究材料的特性很有意义。因为在颗粒流模型中不存在于每一个点上连续的应力，而且变化幅度很大，对于应变也存在同样的问题。所以不能将这些量直接联系到连续模型中，而是需要经过一个平均的过程才能从微观传到连续模型中。于是，采用平均应力和平均应变的概念来表示连续介质中的相应物理量。

对于颗粒介质某一区域内的平均应力和平均应变，一般是以某一点为圆心作圆划分边界，如图 3.1 所示。但是这样会遇到边界上颗粒的隶属问题。颗粒流方法确定边界的原则是：当圆弧落入颗粒之内时，边界取颗粒周边被截取的较小的那部分；当圆弧通过两个颗粒之间孔隙时，边界取连接两个颗粒交点的直线段（见图 3.1 （b））。下面分别计算其内部的平均应力张量和平均应变张量。

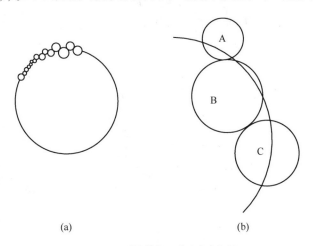

(a)   (b)

图 3.1   颗粒体的近似圆弧边界

3.2.1.1   平均应力张量理论

假定一个圆形区域，其半径为 R，圆心坐标为（0，0），现在来求其内部的平均应力。考虑圆内的两个正交平面，它们的法线方向分别为 n_i^α 和 $n_i^{\alpha+\pi/2}$（α 和 $\alpha+\pi/2$ 分别表示两个平面与水平轴 x_1 的夹角）。设作用在这两个平面上的法向力矢量分别为 F_i^α 和 $F_i^{\alpha+\pi/2}$，那么相应的应力矢量 t_i^α 和 $t_i^{\alpha+\pi/2}$ 分别为：

$$t_i^\alpha = \frac{F_i^\alpha}{2R} \tag{3.8}$$

$$t_i^{\alpha+\pi/2} = \frac{F_i^{\alpha+\pi/2}}{2R} \tag{3.9}$$

而应力又可用相对应的应力张量分量 σ_{ij}^{α} 表示成:

$$t_i^{\alpha} = \sigma_{ji}^{\alpha} n_j^{\alpha} \tag{3.10}$$

$$t_i^{\alpha+\pi/2} = \sigma_{ji}^{\alpha} n_j^{\alpha+\pi/2} \tag{3.11}$$

另外, 法向矢量力 $n_j^{\alpha+\pi/2}$ 可用下式表示:

$$n_j^{\alpha+\pi/2} = -\varepsilon_{jk} n_k^{\alpha} \tag{3.12}$$

式中 ε_{jk} ——二阶置换张量, 且定义为:

$$\varepsilon_{jk} = \begin{pmatrix} 0 & 1 \\ 1 & 0 \end{pmatrix} \tag{3.13}$$

将式 (3.12) 代入式 (3.11) 中, 可得

$$t_i^{\alpha+\pi/2} = -\sigma_{ji}^{\alpha} \varepsilon_{jk} n_k^{\alpha} \tag{3.14}$$

用 $\varepsilon_{rp} n_p^{\alpha}$ 乘式 (3.14) 的两边, 可得:

$$\varepsilon_{rp} n_p^{\alpha} t_i^{\alpha+\pi/2} = -\sigma_{ji}^{\alpha} \varepsilon_{jk} \varepsilon_{rp} n_k^{\alpha} n_p^{\alpha} \tag{3.15}$$

利用 Kronecker 的 δ 记号, 即有:

$$\delta_{ik} = \begin{cases} 1 & (i = k) \\ 0 & (i \neq k) \end{cases} \tag{3.16}$$

$$\varepsilon_{jk} \varepsilon_{rp} = \delta_{jr} \delta_{kp} - \delta_{rk} \delta_{jp} \tag{3.17}$$

将式 (3.17) 代入式 (3.15), 有:

$$\varepsilon_{rp} n_p^{\alpha} t_i^{\alpha+\pi/2} = -\sigma_{ji}^{\alpha} (\delta_{jr} \delta_{kp} - \delta_{rk} \delta_{pj}) n_k^{\alpha} n_p^{\alpha} = -\sigma_{ri}^{\alpha} n_p^{\alpha} n_p^{\alpha} + \sigma_{pi}^{\alpha} n_r^{\alpha} n_p^{\alpha} = -\sigma_{ri}^{\alpha} + t_i^{\alpha} n_r^{\alpha} \tag{3.18}$$

由上式可得应力张量 σ_{ij}^{α} (并注意 $\varepsilon_{rp} n_p^{\alpha} = -n_r^{\alpha+\pi/2}$):

$$\sigma_{ij}^{\alpha} = n_i^{\alpha} t_j^{\alpha} + n_i^{\alpha+\pi/2} t_j^{\alpha+\pi/2} \tag{3.19}$$

上述圆内的应力张量是角 α 的函数, 则平均应力张量 $\bar{\sigma}_{ij}$ 可定义为:

$$\bar{\sigma}_{ij} = \frac{\int_0^{\frac{\pi}{2}} \sigma_{ij}^{\alpha} \mathrm{d}\alpha}{\pi/2} = \frac{\pi}{2} \int_0^{\frac{\pi}{2}} \sigma_{ij}^{\alpha} \mathrm{d}\alpha \tag{3.20}$$

由合力公式 (式 (3.14)) 和式 (3.20), 可以得到平均应力张量 $\bar{\sigma}_{ij}$。因为:

$$\sigma_{ij}^{\alpha} = n_i^{\alpha} \frac{F_j^{\alpha}}{2R} + n_i^{\alpha+\pi/2} \frac{F_j^{\alpha+\pi/2}}{2R} \tag{3.21}$$

从而式（3.21）可变为：

$$\bar{\boldsymbol{\sigma}}_{ij} = \frac{2}{\pi}\int_0^{\frac{\pi}{2}} \boldsymbol{n}_i^\alpha \frac{\boldsymbol{F}_j^\alpha}{2R}\mathrm{d}\alpha + \frac{2}{\pi}\int_0^{\frac{\pi}{2}} \boldsymbol{n}_i^{\alpha+\pi/2} \frac{\boldsymbol{F}_j^{\alpha+\pi/2}}{2R}\mathrm{d}\alpha \qquad (3.22)$$

设 $\beta = \alpha + \pi/2$，则上式又可变成：

$$\bar{\boldsymbol{\sigma}}_{ij} = \frac{2}{\pi}\int_0^{\frac{\pi}{2}} \boldsymbol{n}_i^\alpha \frac{\boldsymbol{F}_j^\alpha}{2R}\mathrm{d}\alpha + \frac{2}{\pi}\int_{\frac{\pi}{2}}^\pi \boldsymbol{n}_i^\beta \frac{\boldsymbol{F}_j^\beta}{2R}\mathrm{d}\beta \qquad (3.23)$$

如果将角积分变成坐标积分。将 $\boldsymbol{n}_i^\alpha R\mathrm{d}\alpha = \boldsymbol{\varepsilon}_{ik}\mathrm{d}x_k^\alpha$ 代入式（3.23），可得：

$$\bar{\boldsymbol{\sigma}}_{ij} = \frac{1}{\pi R^2}\int_0^\pi \boldsymbol{F}_j^\alpha \boldsymbol{\varepsilon}_{ik}\mathrm{d}x_k^\alpha \qquad (3.24)$$

对其进行分部积分，可得：

$$\bar{\boldsymbol{\sigma}}_{ij} = \frac{1}{\pi R^2}\boldsymbol{\varepsilon}_{ik}\boldsymbol{F}_j^\alpha x_j^\alpha\,\big|_0^\pi - \frac{1}{\pi R^2}\int_0^\pi \boldsymbol{\varepsilon}_{ik}x_k^\alpha \boldsymbol{F}_j^\alpha\mathrm{d}\alpha \qquad (3.25)$$

其中，$\boldsymbol{F}_j^\alpha$ 作用于法线方向为 $\boldsymbol{n}_j^\alpha$ 的平面上，是弧 AB 上的应力的合力（见图 3.2），由平衡条件 $\boldsymbol{F}_j^0 = -\boldsymbol{F}_j^\pi$ 以及 $x_k^0 = -x_k^\pi$，则式（3.25）的第一项为零，这样

$$\bar{\boldsymbol{\sigma}}_{ij} = -\frac{1}{\pi R^2}\int_0^\pi \boldsymbol{\varepsilon}_{ik}x_k^\alpha \boldsymbol{F}_j^\alpha\mathrm{d}\alpha \qquad (3.26)$$

上式中力 $\boldsymbol{F}_j^\alpha$ 可由弧 AB 上的应力 $\boldsymbol{P}_j$ 表示为：

$$\boldsymbol{F}_j^\alpha = \int_{\alpha-\pi/2}^{\alpha+\pi/2} R\boldsymbol{P}_j\mathrm{d}\theta \qquad (3.27)$$

对 α 求导有：

$$\frac{\mathrm{d}\boldsymbol{F}_j^\alpha}{\mathrm{d}\alpha} = R(\boldsymbol{P}_j^{\alpha+\pi/2} - \boldsymbol{P}_j^{\alpha-\pi/2}) \qquad (3.28)$$

式中 $\boldsymbol{P}_j^{\alpha+\pi/2}$，$\boldsymbol{P}_j^{\alpha-\pi/2}$——作用于点 $x_j^{\alpha+\pi/2}$ 和 $x_j^{\alpha-\pi/2}$ 上的应力。

因此式（3.28）变为：

$$\bar{\boldsymbol{\sigma}}_{ij} = -\frac{1}{\pi R^2}\int_0^\pi (R\boldsymbol{\varepsilon}_{ik}x_k^\alpha \boldsymbol{P}_j^{\alpha+\pi/2} + R\boldsymbol{\varepsilon}_{ik}x_k^\alpha \boldsymbol{P}_j^{\alpha-\pi/2})\mathrm{d}\alpha$$

$$= \frac{1}{\pi R^2}\int_0^\pi (x_k^{\alpha+\pi/2}\boldsymbol{P}_j^{\alpha+\pi/2} + x_k^{\alpha-\pi/2}\boldsymbol{P}_j^{\alpha-\pi/2})R\mathrm{d}\alpha$$

$$= \frac{1}{\pi R^2}\left[\int_{\frac{\pi}{2}}^{\frac{3\pi}{2}} (x_k^\beta \boldsymbol{P}_j^\beta)R\mathrm{d}\beta + \int_{-\frac{\pi}{2}}^{\frac{\pi}{2}} (x_k^\beta \boldsymbol{P}_j^\beta)R\mathrm{d}\beta\right] \qquad (3.29)$$

若令 $R\mathrm{d}\beta=\mathrm{d}s$，$V=\pi R^2$，则式（3.29）可写为：

$$\bar{\boldsymbol{\sigma}}_{ij} = \frac{1}{V}\int_S x_k \boldsymbol{P}_j \mathrm{d}s \tag{3.30}$$

式中 V——一个单位厚度的圆域体积。

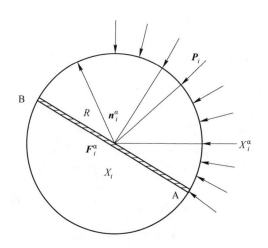

图 3.2　由边界应力表示力 $\boldsymbol{F}_i^a$

3.2.1.2　应力表述

在模型体积 V 内平均应力张量 $\bar{\boldsymbol{\sigma}}_{ij}$ 为：

$$\bar{\boldsymbol{\sigma}}_{ij} = \frac{1}{V}\int_V \boldsymbol{\sigma}_{ij} \mathrm{d}V \tag{3.31}$$

式中 $\boldsymbol{\sigma}_{ij}$——整个体积内应力张量。

对于颗粒材料应力只存在于颗粒中，积分可以由材料体积 V 内颗粒 N_{p} 求和代替：

$$\bar{\boldsymbol{\sigma}}_{ij} = \frac{1}{V}\sum_{N_{\mathrm{p}}} \bar{\boldsymbol{\sigma}}_{\mathrm{P},ij} V_{\mathrm{P}} \tag{3.32}$$

式中 $\bar{\boldsymbol{\sigma}}_{\mathrm{P},ij}$——颗粒 P 的平均应力张量。

据式（3.32），平均应力张量也可表示为：

$$\bar{\boldsymbol{\sigma}}_{\mathrm{P},ij} = \frac{1}{V_{\mathrm{P}}}\int_{V_{\mathrm{P}}} \boldsymbol{\sigma}_{\mathrm{P},ij} \mathrm{d}V_{\mathrm{P}} \tag{3.33}$$

根据恒等式：

$$S_{ij} = \delta_{ik}S_{kj} = x_{i,k}S_{kj} = x_iS_{kj,k} - x_iS_{kj,k} \qquad (3.34)$$

这里 i 表示对坐标 x_i 微分。将式（3.34）应用于颗粒模型中的平均应力时有：

$$\overline{\boldsymbol{\sigma}}_{P,ij} = \frac{1}{V_P}\int_{V_P}(x_i\boldsymbol{\sigma}_{P,ij,k} - x_i\boldsymbol{\sigma}_{P,kj,k})\mathrm{d}V_P \qquad (3.35)$$

假设每一颗粒内部的应力连续并且平衡，在不计体力的情况下，平衡条件为：

$$\boldsymbol{\sigma}_{ij,j} = 0 \qquad (3.36)$$

在式（3.35）的体积积分中，第一项经过高斯变换变为面积分：

$$\overline{\boldsymbol{\sigma}}_{ij} = \frac{1}{V_P}\int_{S_P}x_j\boldsymbol{\sigma}_{P,kj}n_k\mathrm{d}S_P = \frac{1}{V_P}\int_{S_P}x_i\boldsymbol{t}_{P,j}n_k\mathrm{d}S_P \qquad (3.37)$$

式中 n_k ——颗粒表面的外法线方向；

$\quad S_P$ ——颗粒的表面积；

$\quad \boldsymbol{t}_{P,j}$ ——力向量。

因为颗粒是通过在离散的接触位置处而受力，式（3.37）可用求和的方式表示为：

$$\overline{\boldsymbol{\sigma}}_{ij} = -\frac{1}{V_P}\int_{N_C}\boldsymbol{x}_{C,i}\boldsymbol{F}_{C,j}\mathrm{d}N_C \qquad (3.38)$$

式中 $\boldsymbol{x}_{C,i}$，$\boldsymbol{F}_{C,j}$ ——分别为接触所在位置和力（包括接触力和平行连接力）。

接触位置也可写为：

$$\boldsymbol{x}_{C,j} = \boldsymbol{x}_{P,j} + |\boldsymbol{x}_{C,j} - \boldsymbol{x}_{P,j}|\boldsymbol{n}_{C,P,j} \qquad (3.39)$$

式中 $\boldsymbol{x}_{C,j}$ ——颗粒中心位置；

$\quad \boldsymbol{n}_{C,P,j}$ ——由颗粒中心指向接触位置的单位法向量，并且为接触和颗粒的函数。

将式（3.39）代入式（3.38）并注意

$$\sum_{N_C}\boldsymbol{F}_{C,j} = 0 \qquad (3.40)$$

对于一个颗粒平衡时，

$$\bar{\boldsymbol{\sigma}}_{P,ij} = -\frac{1}{V_P}\sum_{N_C}|\boldsymbol{x}_{C,j} - \boldsymbol{x}_{P,j}|\boldsymbol{n}_{C,P,j}F_{C,j} \tag{3.41}$$

将式（3.33）和式（3.41）应用于体积 V 内每一颗粒，可以计算体积 V 内的平均应力张量。但是在颗粒流程序中，有许多颗粒与测量圆交叉，此时只考虑颗粒中心位于测量圆内的颗粒。为了考虑被忽略部分的颗粒面积时，引入一个基于孔隙度的校正因子来计算应力。

校正因子是通过假定在测量圆内有均匀应力场 σ_0 并且将平均应力用两个表达式表示而得到的。在测量圆体积 V_m 内正确的平均应力 $\bar{\sigma}$ 表达式为：

$$\bar{\sigma} = \frac{1}{V_m}\sum\bar{\sigma}_P V_P = \frac{1}{V_m}\bar{\sigma}_P\sum V_P = \sigma_0\left(\frac{\sum V_P}{V_m}\right) = \sigma_0(1-n) \tag{3.42}$$

式中，求和适用于全部或部分位于测量圆体积内的颗粒，n 为体积 V_m 内孔隙度（假设颗粒为单位厚度）。可得测量圆内平均应力的正确表达式为：

$$\tilde{\sigma} = \left(\frac{1-n}{\sum_{N_P} V_P}\right)\sum_{N_P}\bar{\sigma}_P V_P \tag{3.43}$$

将式（3.41）代入式（3.43），可得 PFC 中计算测量圆内平均应力张量的表达式为：

$$\bar{\boldsymbol{\sigma}}_{ij} = -\left(\frac{1-n}{\sum_{N_P} V_P}\right)\sum_{N_P}\sum_{N_C}|\boldsymbol{x}_{C,j} - \boldsymbol{x}_{P,j}|\boldsymbol{n}_{C,P,j}F_{C,j} \tag{3.44}$$

式中　n——测量圆内孔隙度；

　　V_P——颗粒体积，等于颗粒面积乘以单位厚度；

$\boldsymbol{x}_{P,j}$，$\boldsymbol{x}_{C,j}$——分别为颗粒中心位置和接触位置；

　　$\boldsymbol{n}_{C,P,j}$——由颗粒中心指向接触位置的单位法向量；

　　$F_{C,j}$——因颗粒接接触和平行连接引起的力。

另外，式（3.44）中求和是对所有中心位于测量圆内的颗粒 N_P 以及这些颗粒间的接触数 N_C。

3.2.1.3 应变率

颗粒模型中的应力量测方法，是在局部应力计算过程中，直接应用离散的接触力，因为孔隙中接触力为零。但是同样的方法用速率来表达平均应变率就不正确，用来量测局部应变率就行不通。因为在孔隙处速率为非零值。因此不能采用假设孔隙内形成速度场的方法，而应是采用基于拟合理论的方法，减小颗粒应变率预测值和量测值误差的方法来确定颗粒应变率。

两邻近点的位移 u_i 是通过位移梯度张量 α_{ij} 给定，设颗粒 P 和 P' 分别位于 x_i 和 $x_i + dx_i$ ，这两点间位移微分为：

$$du_i = u_{ij}dx_j = \alpha_{ij}x_j \tag{3.45}$$

位移梯度张量可以分解为对称分量与非对称分量：

$$\alpha_{ij} = e_{ij} - \omega_{ij} \tag{3.46}$$

同样，相邻两点的速度 v_i 可以由速度梯度张量 $\dot{\alpha}_{ij}$ 给出，设颗粒 P 和 P' 分别位于 x_i 和 $x_i + dx_i$ ，则速度的微分为：

$$dv_i = v_{i,j}dx_j = \dot{\alpha}_{ij}dx_j \tag{3.47}$$

速度梯度张量可以分解为对称分量与非对称分量：

$$\dot{\alpha}_{ij} = \dot{e}_{ij} - \dot{\omega}_{ij} \tag{3.48}$$

在数值模型中，速度梯度张量 $\dot{\alpha}_{ij}$ 是指应变率张量，通过最小二乘法计算。

对于给定的测量圆计算的应变率张量代表量测的 N_P 个中心位于测量圆内的颗粒相对速度 $\tilde{V}_P$ 值的拟合。N_P 颗粒的平均速度和位置表示为：

$$\bar{V}_i = \frac{\sum_{N_P} V_{P,i}}{N_P} \tag{3.49}$$

$$\bar{x}_i = \frac{\sum_{N_P} x_{P,i}}{N_P} \tag{3.50}$$

式中 $V_{P,i}$，$x_{P,i}$——分别为颗粒 P 的线速度和中心位置。

量测的相对速度为：

$$\tilde{V}_{P,i} = V_{P,i} - \bar{V}_i \tag{3.51}$$

对于给定的速度梯度张量 $\dot{\alpha}_{ij}$ ，预测的相对速度可通过式（3.51）得到：

$$\tilde{v}_{P,i} = \dot{\alpha}_{ij}\tilde{x}_{P,j} \tag{3.52}$$

这个量测值的误差为：

$$z = \sum_{N_P} |\tilde{v}_{P,i} - \tilde{V}_{P,i}|^2 = \sum_{N_P} (\tilde{v}_{P,i} - \tilde{V}_{P,i})(\tilde{v}_{P,i} - \tilde{V}_{P,i}) \tag{3.53}$$

将式（3.50）代入式（3.52）并进行微分，得式（3.54）并求解该方程可得应变率。

$$
\begin{pmatrix}
\sum\limits_{N_{\mathrm P}} \tilde{\boldsymbol{x}}_{\mathrm P,1}\tilde{\boldsymbol{x}}_{\mathrm P,1} & \sum\limits_{N_{\mathrm P}} \tilde{\boldsymbol{x}}_{\mathrm P,2}\tilde{\boldsymbol{x}}_{\mathrm P,1} \\
\sum\limits_{N_{\mathrm P}} \tilde{\boldsymbol{x}}_{\mathrm P,1}\tilde{\boldsymbol{x}}_{\mathrm P,2} & \sum\limits_{N_{\mathrm P}} \tilde{\boldsymbol{x}}_{\mathrm P,2}\tilde{\boldsymbol{x}}_{\mathrm P,2}
\end{pmatrix}
\begin{pmatrix}
\dot{\boldsymbol{\alpha}}_{i1} \\
\dot{\boldsymbol{\alpha}}_{i2}
\end{pmatrix}
=
\begin{pmatrix}
\sum\limits_{N_{\mathrm P}} \tilde{\boldsymbol{V}}_{\mathrm P,i}\tilde{\boldsymbol{x}}_{\mathrm P,1} \\
\sum\limits_{N_{\mathrm P}} \tilde{\boldsymbol{V}}_{\mathrm P,i}\tilde{\boldsymbol{x}}_{\mathrm P,2}
\end{pmatrix}
\tag{3.54}
$$

3.2.2　损伤数值模型的建立

利用单位长度的颗粒矩形体来模拟工程中岩体的实际宏观力学性能,首先必须确定颗粒的细观的参数(颗粒的刚度、黏结强度、摩擦系数和颗粒的粒径等),并与岩体的宏观力学参数(内摩擦角、变形模量、峰值强度和黏结强度)统一起来。

在确立好颗粒性质参数后,还得通过数值试验标定程序得到颗粒组装物理模型的宏观力学响应,从而确定一系列的模型细观参数和与之相联系的细观变形和强度参数。

由颗粒组成的模型结构的宏观力学参数如下:

(1)　变形模量 $E_{\mathrm c}(\mathrm{Pa})$;

(2)　等效内摩擦角 φ (°);

(3)　峰值强度 $\sigma_{\mathrm f}$;

(4)　黏结强度 $C_{\mathrm u}$。

由颗粒组成的模型结构的一系列的细观参数如下:

(1)　颗粒之间的接触模量法向刚度 $k_{\mathrm n}$ 和切向刚度 $k_{\mathrm s}$;

(2)　颗粒之间平行黏结的法向刚度 $\bar{k}_{\mathrm n}$ 和切向刚度 $\bar{k}_{\mathrm s}$;

(3)　颗粒的法向刚度与切向刚度比率 $k_{\mathrm n}/k_{\mathrm s}$;

(4)　平行黏结之间的法向刚度与切向刚度比率 $\bar{k}_{\mathrm n}/\bar{k}_{\mathrm s}$;

(5)　颗粒之间的摩擦系数 μ;

(6)　平行黏结之间的法向强度 $\bar{\sigma}_{\mathrm c}$;

(7)　平行黏结之间的切向强度 $\bar{\tau}_{\mathrm c}$;

(8)　平行黏结之间的法向强度与切向强度比率 $\bar{\sigma}_{\mathrm c}/\bar{\tau}_{\mathrm c}$;

(9)　平行黏结的半径因子系数 λ;

(10)　颗粒之间接触黏结的法向强度 $\sigma_{\mathrm c}$;

(11)　颗粒之间接触黏结的切向强度 $\tau_{\mathrm c}$;

(12)　颗粒之间接触黏结的法向强度与切向强度比率 $\sigma_{\mathrm c}/\tau_{\mathrm c}$。

利用离散元方法中黏结和接触模型的基本物理意义，结合一般岩石材料常规的劈裂强度、剪切强度和模量，通过建好的节理岩体力学模型，在前文基本假设的基础上，调整微观参数，赋予材料模型。相关颗粒流的微观参数关系见表 3.1。

表 3.1 损伤模型微观参数

损伤模型内参数				平行黏结强度	平行黏结刚度	平行黏结半径
C/MPa	φ/(°)	c_{res}/MPa	ϕ_{res}/(°)	/Pa	/N·m^{-1}	/mm
0.56	30	0.29	26.0	2.70×10^9	3.0×10^{13}	0.20

最后得到不同节理程度的损伤数值模型。模型示意图如图 3.3 所示。

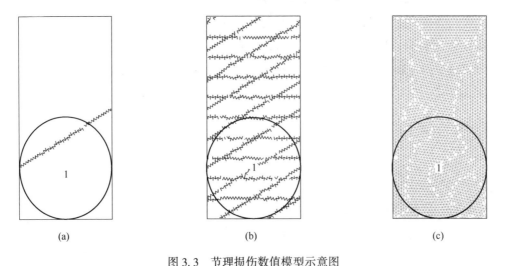

(a)　　　　　　　　　(b)　　　　　　　　　(c)

图 3.3 节理损伤数值模型示意图

（a）少节理数值模型；（b）交叉节理数值模型；（c）均布节理数值模型

3.3 节理岩体损伤数值模拟的验证

3.3.1 数值模拟的合理性

通过程序自带的 FISH 语言，颗粒流程序（PFC）在细观方面可以监测试验过程中试样内部各点的接触力、应力-应变及微裂隙数量等物理量的变化，宏观方面可以观察到试样表面裂隙的发育情况、试样整体的位移及试样宏观的应力-应变关系等。如果参数调整合理，其细观方面的功能能够弥补模型试验中的缺陷，最大限度地还原某种力学行为的本源现象。PFC 可以模拟颗粒单元的连接和破坏引起颗粒的分离、大变形问题，以及颗粒细观结构变化及其力学特性，其在隧道围岩稳定性分析及塌方等大变形问题中已有了许多成功的应用。

本数值模拟在颗粒装配产生初始应力时采用接触刚度模型，直剪加载过程中采用滑动模型和平行黏结模型以模拟岩石材料；设定节理面范围内颗粒间的平行连接参数为 0，以模拟节理摩擦的力学行为。

颗粒之间相互作用的本构模型有 3 种：接触刚度模型、滑动模型和黏结模型。接触刚度模型的接触力和相应的变形之间呈线弹性关系，主要用来模拟松散颗粒体材料，用两个基本参数（k_n、k_s）来量度接触情况，k_n 为两颗粒间的法向刚度，k_s 为切向刚度。滑动模型不能承受法向拉力，但允许颗粒在受剪的情况下重叠、滑移，能模拟材料间的摩擦行为，用摩擦因数 $fric$ 来表征两颗粒间滑动摩擦状况；连接模型使颗粒集合体表现出高强材料的性质，能够提供抗拉、抗弯等力学响应。当某一集合内颗粒的平行连接力学参数（pb_kn，pb_ks，pb_nstren，pb_sstren）设为 0，集合的上、下接触面将表现出裂隙面的摩擦力学特性。

3.3.2　含孔洞岩石压缩试验结果及数值模拟对比

3.3.2.1　试验过程

本次实验首先选取的单轴压缩试验模型是长方体花岗岩，使用取自河北曲阳的带有孔洞的长方体花岗岩试件进行试验。在试件的宽度方向上制作了一个直径为 20mm 的圆形孔洞来模拟地下开挖的孔洞，试件的加载方向的长度为 100mm，截面为 100mm×100mm（见图 3.4）。侧向尺寸为 100mm×200mm，孔洞尺寸 20mm，侧向位移测量结果的平均值作为闭环系统的返回值。使用的花岗岩力学参数为：弹性模量取 73.8MPa，体积模量取 43.9GPa，泊松比取 0.22，密度取 2600kg/m³。在整个试验过程中移动垂直驱动器来保持侧向位移变化率为 0.02mm/min[10]。

岩石类材料的破坏过程实际上是材料内部微裂纹的损伤演化过程，随着荷载的增加，微裂纹慢慢地延伸和扩展，最终形成宏观裂缝导致材料破坏。损伤是受载材料由于微缺陷（微裂纹和微孔洞）的产生和发展而引起的逐步裂化。岩石属于脆性材料，其损伤属于脆塑性损伤。

由于花岗岩颗粒坚硬，尺寸较大，变形也较大，在加载的初期在岩样的中部

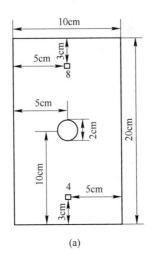
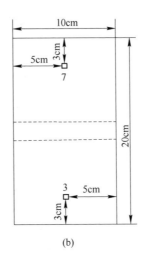

图 3.4 试验模型

（a）岩样正面；（b）岩样右侧面

孔洞的周围，特别是孔洞的上下部分，最先出现了裂纹，然后随着荷载的增加，在岩样的两端的裂纹不断地增加。

将试验得到的数据整合，得到的应力–应变曲线如图 3.5 所示。

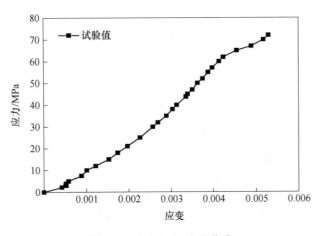

图 3.5 试验应力–应变曲线

图 3.6 是试验结束时试件的照片，它显示了最后的破坏组成。可以观察到花岗岩的破坏形态非常散碎。可以明显地看到缺口的损伤，除此以外，在应力集中洞的侧边界形成了两条缺口。其产生的岩石屈服是与裂纹的出现和扩展密切相关的。

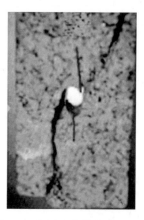

图 3.6   花岗岩岩样的破坏形式

3.3.2.2   数值模拟

以室内试验为基础，进行细观颗粒流模拟。颗粒流基本试样的生成过程分两步，首先生成并压密初始颗粒集合体，然后赋予颗粒微观特性参数形成最后的试样模型。颗粒流试样是根据给定的粒径大小、粒径比及孔隙率，按照随机分布规律排列的一些颗粒构成，颗粒通过摩擦忽略不计的四道墙体来约束（见图 3.7）。首先按照实际试样的尺寸，建立 100mm×200mm 基本模型，为了更好地逼近原岩样在微观上的各向异性和不均匀性，在生成 PFC 试样时设定颗粒试样是由不同半径的颗粒单元组成，颗粒半径的分布采用从 R_{max} 到 R_{min} 的正态分布，经过大量颗粒流试样的模拟试算，选定花岗岩颗粒流试样粒径 R_{min} = 1.75mm，R_{max} / R_{min} = 1.66。PFC 模型中主要的控制参数见表 3.2。

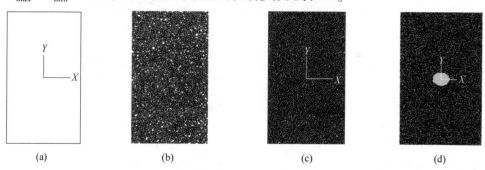

图 3.7   颗粒模型图

（a）墙体；（b）墙体+颗粒（未平衡）；（c）墙体+颗粒（平衡）；（d）含孔洞颗粒试样（平衡）

表 3.2 花岗岩 PFC 模型基本参数

颗粒类型	颗粒比重/ kg·m⁻³	最小颗粒半径/mm	粒径放大系数	泊松比
花岗岩	2630	1.75	1.66	0.22

模型建好以后，为了与室内单轴压缩试验曲线特征相匹配，需要进行一系列的 PFC 数值模拟试验，通过反复调整 PFC 模型的输入参数，直到数值试验结果与实际物理模型试验结果基本一致。PFC 程序里的参数有：颗粒接触模量 E_c、颗粒接触法向刚度 K_n 和切向刚度 K_s、颗粒的法向连接强度 σ_c 和切向连接强度 τ_c、颗粒间的摩擦系数 μ 等。需要说明的是，为了确定在程序校准中需要使用的微观力学参数，本次数值分析中使用宏观力学参数中的杨氏模量、泊松比和单轴压缩强度。经过反复调整，单轴压缩试验数值模拟各参数见表 3.3。

表 3.3 花岗岩颗粒体单轴压缩试验数值模拟参数

颗粒类型	接触模量 E_c /GPa	法向与切向刚度 比率/MPa	摩擦系数 μ	法向连接强度 /MPa	切向连接强度 /MPa
花岗岩颗粒体	80.0	2.0	0.50	64.0	64.0

在此需要强调的是，为了更显著的突出损伤模型的优势，根据室内试验，分别建立常规岩样模型和岩样的损伤模型（添加损伤程序代码）。图 3.8 为常规模型和损伤模型数值模拟的应力-应变曲线。

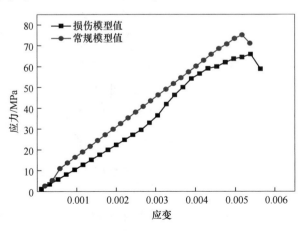

图 3.8 单轴压缩试验数值模拟应力-应变曲线

在数值模拟的最后，通过测绘试样的裂缝可以辨别出试件的损伤区。在破坏过程中随着裂纹的出现，可以观察到裂纹是由压应力比较大的空洞边缘开始发展的，即使是在这些缺口的演化过程中，在最终的破裂区还是会形成一些裂纹。持续加载过程中在缺口处会形成更多的损伤，并且在这一区域的材料开始剥落。缺口的进一步屈服刺激着试件两边破裂区附近裂纹的出现。关于裂纹的变化情况如图 3.9 所示。最后两个可能的破坏面中的一个占据优势并且继续扩展，最后，试件表现出一个宏观连续的裂缝区。

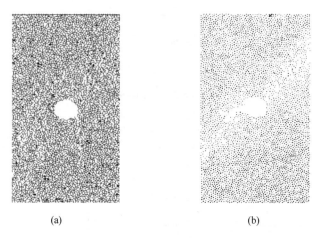

(a)   (b)

图 3.9　裂纹的变化情况

（a）初期微裂纹分布；（b）试样接近破坏时裂纹分布

图 3.10 是损伤数值模型最终试样图，它显示了最后的破坏组成。与室内试验相比，同样可以明显地看到缺口的损伤，在应力集中洞的侧边界也形成了明显的两条缺口。通过试验及数值模拟试件损伤过程，刚开始试件受力后，由于在初始变形阶段受力较小，一般看不出明显变化。但随着应力的增加，内部结构发生明显变化，或有新的细观裂纹产生，于是可以很清晰地分析试样的破坏趋势。从而得到其应力-应变曲线。图 3.11 为损伤模型数值模拟曲线、常规模型数值模拟曲线与室内试验结果对比，可见损伤模型与常规模型相比，它的应力-应变曲线和实际试验测试结果更吻合。

同样，对照两种试样模型得出的数值模拟结果和试验观察到的结果，不难发现，损伤数值模型得到的结果与试验所得结果更相符，破坏荷载及裂纹模式和试验结果也更吻合。

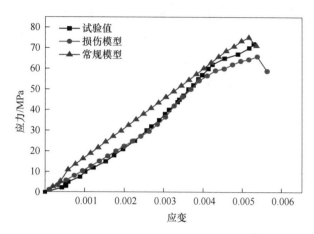

图 3.10 损伤数值模型最终试样图   图 3.11 PFC 试验结果与实测曲线对比

参 考 文 献

[1] 张全胜. 岩石损伤变量及本构方程的新探讨 [J]. 岩石力学与工程学报, 2003, 22（1）: 30-34.

[2] Itasca Consulting Group Inc. PFC2D（particle flow code in 2 dimensions）theory and background [R]. Minnesota, USA: Itasca Consulting Group Inc.,2002.

[3] CUNDALL P A, STRACK O D L. Particle flow code in 2 Dimensions [A]. Itasca Consulting Group Inc.,1999.

[4] POTYONDY D, CUNDALL P A. The PFC model for rock: predicting rock-mass damage at the underground research laboratory [R]. Itasca Consulting Group, Inc. Report no. 06819-REP-01200-10061-R00, 2001.

[5] CUNDALL P A, STRACK O D L. Modeling of microscopic mechanisms in granular material [J]. Mechanics of Granular Materials, 1983, 7: 137-149.

[6] CUNDALL P A. Computer model for simulating progressive large scale movements in blocky systems [A]. Proceedings of Symposium of Int. Soci. Rock Mech., Nacy, France, 1971.

[7] CUNDALL P A, STRACK O D L. A discrete numerical model for granular assemblies [J]. Geotechnique, 1979, 29: 47-65.

[8] 王泳嘉, 郭爱民. 离散单元法及其在岩土力学中的应用 [M]. 沈阳: 东北大学出版社, 1991, 56-71.

[9] 王泳嘉, 陶连金, 邢纪波. 近距离煤层开采相互作用的离散元模拟研究 [J]. 东北大学学报, 1997, 18（4）: 374-377.

［10］张敏思，王述红. 含孔洞节理岩体损伤破坏过程的颗粒数值模拟［A］. 中国科协年会论文集，重庆，2009.

［11］张敏思，王述红，杨勇. 节理岩体本构模型数值模拟及其验证［J］. 工程力学，2011，28（5）：26-30.

4 节理岩体力学性质数值模拟

岩体是一种处于连续和非连续之间的构成极其复杂的介质。由于其内部数目众多的节理、断层等的存在，使得其力学性质异常复杂多变，即便是同一个地区的两块岩体也很难建立起直接的、共同的联系。为了研究岩体的力学性质，通常需要进行现场原位测定试验，但是该试验方法难度大、费用昂贵、周期长，难以大量进行，因此不能作为主要的研究手段。于是，研究学者们开始尝试实验室内的岩石试样试验，通过对构成岩体的缺陷（不连续面等）性质和岩石材料性质的研究，建立岩石与岩体性质间的关系，进而为研究岩体的力学性质打好基础，这是一种间接的研究方法。以往的借助试验推导出符合试验结果的本构关系的研究，属于宏观的研究方法，但在试验中测试到的结果是微观裂纹生长、累积的反映，是岩石出现破裂后结构性质的反映，而不是岩石材料性质的反映。

岩石的变形是一个细观微破裂不断累积的过程，它涉及从细观到宏观各种尺度的相互耦合。宏观的破坏现象是细观破坏的综合表现。只有建立岩石在细观、宏观尺度之间的联系，才能更好地理解岩石变形非线性和破裂过程的本质。因此，综合各种方面考虑，数值试验方法对于克服常规岩石力学试验方法中的上述缺点来说，无疑是非常具有优势的。

为了研究岩体的力学性质，利用已建立的节理岩体损伤数值模型，本章着重从细观结构力学性质的演化规律来分析，通过研究岩体的本构关系，绘制应力-应变曲线，讨论节理岩体的破坏过程。并分别分析讨论了尺寸和围压对数值模型应力-应变曲线的影响。之后对常规岩石材料的力学试验，包括拉伸、压缩、剪切试验进行了数值模拟，并与实际试验结果相对比，得出结论。

4.1 颗粒流数值模型应力-应变全过程曲线

岩石材料的破坏过程是一个物理力学性质不断劣化，并且与宏观裂纹和细观损伤演化密切相关的过程。早在 1965 年，Cook 提出了具有重要意义的应力-应变全过程曲线。它使人们认识到岩石材料的破坏不仅仅是一个状态，而是一个过程，即在达到峰值荷载后承载能力不是立刻消失，而是逐渐降低[1]。这为岩石工程强度和结构设计提出了新的思想，并使得人们认识到围岩破坏后仍然能够部分承载的原因。由此，对岩石应力–应变全过程曲线的讨论研究成为一个时期以来的研究热点。

应力–应变全过程曲线的最根本问题是岩石破裂过程机制的研究，但是长期以来，人们的注意力仅仅放在破裂过程现象的重现和实验手段的改进上。到目前为止，尽管目前拥有的先进实验设备能够测出特定条件下岩石的应力峰值强度和渐进破裂过程，并且已经拥有了大量的这方面的实验结果。但是，对岩石变形、微破裂，直至宏观破坏的演化过程仍然缺少深入的、全面的了解，对岩石破裂过程中的损伤产生、微裂纹形成及裂纹间相互作用的研究尚没有有效的方法，大量的试验结果缺少理论上的解释。因此，这个问题的研究对岩体工程的发展具有积极的理论意义。

应力–应变全过程曲线是外荷载作用下岩石真实性质的力学行为的反映，它反映了一定应力状态下的岩石强度，以及岩石类材料所特有的峰值强度后期承载能力渐进降低的特征。全过程曲线体现了岩石的自然属性和特征，同时也受到加载系统和条件的影响，也就是说，应力–应变全过程曲线是加载体和承载体所构成的系统相互作用的结果。但一直以来，关于岩石力学的研究，一直注重强度理论的研究，而对于全过程曲线的破坏后状态的研究并不令人满意。这是由于破坏的特征是通过岩体材料物理性质改变后的力学行为反映出来的，而在研究过程中忽略了破坏所产生的物理性质变化。因此，研究峰值荷载后期的渐进破坏过程需要与材料科学相结合，需要在大量科学试验的基础上抽象出能反映材料微观或细观组织对其宏观行为影响的新概念。

图 4.1 是节理岩体颗粒流理想损伤模型所得到的应力–应变全过程曲线，它表明岩石由变形发展到破坏的过程，是具有明显的阶段性的。大体而言，在应力–应变曲线的峰值荷载前是一个阶段，叫作破坏前阶段（或称破坏前区）；峰值荷载后是另一个阶段，即破坏后阶段（或称破坏后区），在这两个阶段中又可细分为若干小阶段。

一般地，破坏阶段可分为四个区间 OA、AB、BC 和 CD 段（见图 4.1）。具体各个阶段的模型形态如图 4.2 所示。

（1）OA 段：这一阶段曲线向上弯曲，斜率逐渐增大。图 4.1（a）中比较明

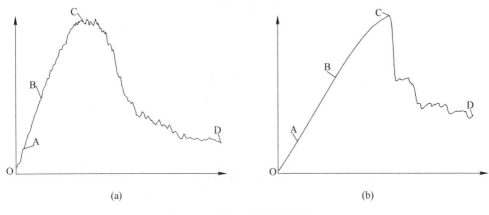

图 4.1 应力–应变全过程曲线

（a）曲线类型 1；（b）曲线类型 2

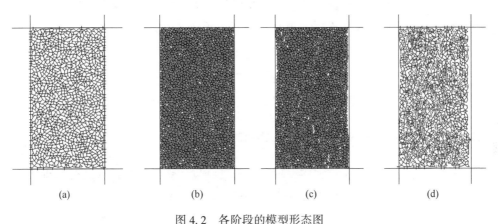

图 4.2 各阶段的模型形态图

（a）OA 段；（b）AB 段；（c）BC 段；（d）CD 段

显，而图 4.1（b）中 OA 段斜率基本保持为一常数。该阶段是岩石中原生缺陷受压闭合的过程，颗粒单元之间紧密相互作用在一起，如图 4.2（a）所示。

（2）AB 段：这个阶段曲线基本保持线性规律，曲线斜率为常数。图 4.1（a）和（b）都可以清晰地看到这一过程。这一阶段会伴随着微小的破裂出现，如图 4.2（b）所示。

（3）BC 段：曲线逐渐偏离线性向下弯曲，曲线斜率逐渐减小。在这个阶段岩石局部破裂逐渐增多，并最终导致试样破坏，可称这个阶段为临近破坏阶段。该阶段岩石变形非线性明显增强，变形速率加快，岩石内部微破裂增加，并逐渐集中形成宏观裂纹，如图 4.2（c）中显示的空白部分所示。这些特征对于岩石工程中诸如岩爆类失稳破坏和地震的预测预报具有积极的意义。

(4) CD 段：岩石破坏后阶段，如图 4.2 (d) 中宏观破坏区域所示。这个阶段根据岩石力学行为可分为两种情况。第一种情况，弹性模量和强度逐渐下降，即岩石表现出渐进劣化的行为，如图 4.1 (a) 所示。第二种情况，弹性模量和强度突然下降，即岩石表现出显著的脆性破坏行为，如图 4.1 (b) 所示。

4.2 尺寸和围压对数值模型应力−应变曲线的影响

由于生成条件，以及生成后亿万年地质构造作用和大气风化作用，节理岩体内部会形成各种类型的空隙、微裂隙及肉眼可见的各种缺陷，它们直接影响节理岩体的物理力学性质。因此，选取岩石试样尺寸大小的不同，常表现出其力学性质的差异。同样，实际的岩体工程中，岩石一般处于应力状态下，因此，围压对岩石力学强度的影响规律研究也显得尤为重要。

针对以上问题，本节主要讨论在平面应力条件下，不同尺寸及不同围压条件下的岩石应力−应变曲线的颗粒流模拟。

4.2.1 尺寸对岩石试样应力−应变曲线的影响

在大量受压岩石试验过程中发现，岩石的强度随试件细长比而变化，即不同尺寸岩石的强度和变形特性存在着力学差异，在岩石变形破坏研究中，至今一直没有得到很好研究和解释的现象之一是岩石的变形破坏具有尺寸效应。

4.2.1.1 二维颗粒流数值模拟的方案选择和模型建立

选择 4 组不同尺寸的岩石试样模型作为研究对象，试样模型采用节理岩体损伤数值模型，标准尺寸选择 100mm×50mm、100mm×100mm、100mm×200mm 和 100mm×400mm，每种方案中其他相关物理力学参数见表 4.1。选定岩石 PFC 试样模型颗粒半径的分布采用从 R_{max} 到 R_{min} 的正态分布，$R_{max}/R_{min}=1.66$，试样颗粒密度为 2630kg/m³，墙体摩擦系数为 0，侧限墙体法向刚度与颗粒法向刚度的比值为 0.1，上下墙体法向刚度与颗粒法向刚度比值为 1.0。按平面应力方式来加载，整个加载过程采用位移控制的加载方式。加载总步数依具体方案而定。模型示意图如图 4.3 所示。

表 4.1　岩石试样模型参数

模型类型	尺寸比例	初始孔隙率 n_0	R_{min} /mm	颗粒接触模量 E_c /GPa	颗粒法向刚度和切向刚度的比值	平行黏结接触模量 /MPa	法向刚度和切向刚度比值	颗粒摩擦系数	加载速度 /m·s⁻¹
M1	1:0.5	0.16	0.25	78	4.0	49	1.0	0.5	0.02
M2	1:1	0.16	0.25	78	4.0	49	1.0	0.5	0.02
M3	1:2	0.16	0.25	78	4.0	49	1.0	0.5	0.02
M4	1:4	0.16	0.25	78	4.0	49	1.0	0.5	0.02

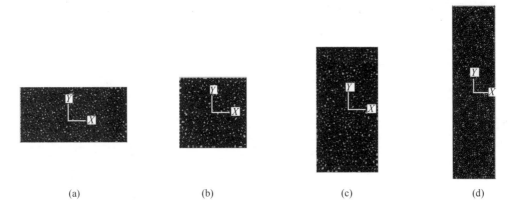

(a)　　　　　　　　(b)　　　　　　　　(c)　　　　　　　　(d)

图 4.3　模型示意图

(a) M1；(b) M2；(c) M3；(d) M4

4.2.1.2　二维颗粒流数值模拟结果及分析

图 4.4 显示了不同尺寸比例岩石试样在荷载作用下的应力-应变关系曲线。从整体上来讲，随着尺寸比例的增大，峰值荷载前岩石试样的非线性变形逐渐减弱，线性变形增强。在峰值强度后，试样脆性的增加表现较为明显，如试样 M3、M4 在峰值强度后应力下降速率变快，应变增加较少，岩石试样的破坏从渐进式向脆性破坏发展，峰值强度逐渐降低，对应的试样变形量逐渐减少。

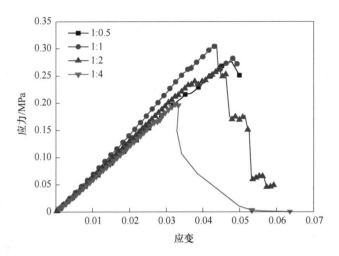

图 4.4 不同尺寸岩石试样的应力-应变曲线

下面以 M3 试样（尺寸比例为 1：2）为例（见图 4.5、图 4.6 和图 4.7），讨论尺寸效应对应力-应变全过程曲线的影响。

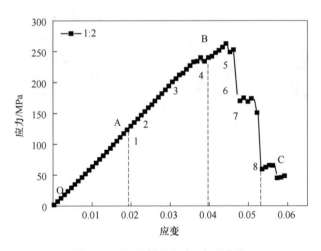

图 4.5 M3 试样的应力-应变曲线

（1）破坏前阶段。与图 4.1 对比，图 4.5 的应力-应变曲线略有不同，这说明 M3 试样全过程曲线没有缺陷压密阶段（见图 4.1、图 4.5 中曲线 OA 段）。其全过程曲线的 OA 段表现出良好的线性变形规律，其对应的颗粒分布和颗粒间接触图如图 4.6（a）、图 4.7（a）所示。

但是，应力超过 A 点后，曲线表现出非线性，而且这种非线性变形规律随荷

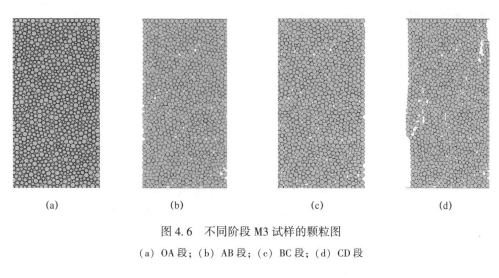

图4.6 不同阶段 M3 试样的颗粒图

(a) OA 段；(b) AB 段；(c) BC 段；(d) CD 段

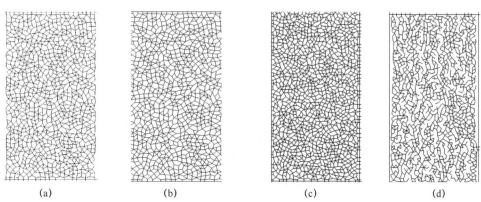

图4.7 M3 试样不同阶段颗粒接触图

(a) OA 段；(b) AB 段；(c) BC 段；(d) CD 段

载逐渐增强，曲线斜率逐渐减小；颗粒单元相互作用增强（见图4.5中信息点1、2、3、4），破坏分布从无序、随机状态开始向集中状态发展。细观颗粒单元破坏对宏观力学行为的影响逐渐表现出来，如图4.6（b）所示，可以看到颗粒间开始出现少许空隙，图4.6（c）中空隙数目增多。这种影响既表现在破坏单元数量的增加，也体现在破坏单元之间的相互作用加强，如图4.7（b）和（c）所示，颗粒间的接触力逐渐增大，在图形上表现为接触密集化。破坏颗粒数量的增加使得试样弹性模量降低，表现出"变软"的特征。破坏颗粒单元之间相互作用的增强使得试样局部出现应力集中区，并出现宏观裂纹，使得试样的宏观变形非线性显著增强，全过程曲线出现"低头"现象。

（2）破坏后阶段。过了 B 点（峰值荷载）便进入了岩石破坏后阶段。这一阶段是宏观裂纹集中发展阶段，颗粒单元破坏速率增加（见图 4.5 中信息点 5、6、7、8），在全过程曲线上表现为宏观承载能力的持续下降。众多颗粒间的连接断开，对应的颗粒分布和颗粒间接触图如图 4.6（d）、图 4.7（d）所示。

4.2.2　围压对岩石试样应力-应变曲线的影响

在不同的应力条件下，相同岩石的应力-应变曲线是不相同的。因此本节主要讨论在平面应力条件下，不同围压条件下的岩石应力-应变全过程曲线的颗粒流模拟结果。

4.2.2.1　二维颗粒流数值模拟的方案选择和模型建立

选择 4 组不同围压的岩石试样模型作为研究对象，围压分别为 25MPa、50MPa、70MPa 和 100MPa。试样模型采用节理岩体损伤数值模型，尺寸选择 100mm×200mm，选定岩石 PFC 试样模型颗粒半径的分布采用从 R_{max} 到 R_{min} 的正态分布，$R_{max} / R_{min} =1.66$，试样颗粒密度为 2630kg/m³，墙体摩擦系数为 0，侧限墙体法向刚度与颗粒法向刚度的比值为 0.1，上下墙体法向刚度与颗粒法向刚度比值为 1.0，每种方案中岩石试样模型物理力学参数见表 4.2。加载条件为位移方式的压缩荷载，同时在侧向施加以恒定的应力作为围压值，属于平面应力问题。因各模型所受的应力条件不同，各个模型的加载总步数不同。具体模型的形状和加载方式如图 4.8 所示。

表 4.2　岩石试样模型参数

模型类型	围压/MPa	初始孔隙率 n_0	颗粒最小半径/mm	颗粒接触模量/GPa	杨氏模量/GPa	切变模量/GPa	颗粒摩擦系数	加载速度/m·s⁻¹
M5	25	0.16	0.25	78	49	30	0.5	0.02
M6	50	0.16	0.25	78	49	30	0.5	0.02
M7	70	0.16	0.25	78	49	30	0.5	0.02
M8	100	0.16	0.25	78	49	30	0.5	0.02

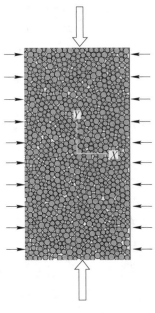

图 4.8 试样模型图

4.2.2.2 二维颗粒流数值模拟结果及分析

取应力值降低到最大应力的 80% 时，程序自动运行结束。得到不同围压下岩石试样在荷载作用下的应力-应变关系曲线，如图 4.9 所示。

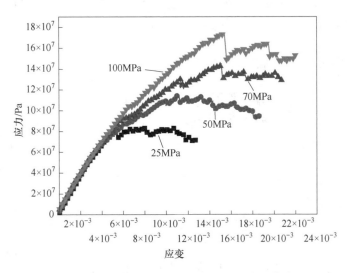

图 4.9 不同围压下岩石试样的应力-应变曲线

在平面应力条件下，随着围压水平的升高，压缩强度也随之不断增加，岩石的脆性增强，最大轴向位移也逐渐增加。从图 4.9 中可以看出，随轴向位移的增加，应力先逐渐增加到峰值，然后软化。围压越大，偏应力达到峰值时所需要位移也越大。

4.3　岩石材料的拉伸、压缩、剪切试验的数值模拟

拉伸、压缩、剪切试验是岩石力学的基本试验，在这方面已经进行大量的试验和理论研究，尽管如此，岩石的破坏机理仍然是一个没有认识清楚的问题。其试验目的在于了解岩石的基本性质，探讨在荷载作用下岩石的力学性质变化规律，寻求岩石和岩体力学性质之间的相互关系。

岩石的破裂过程是一个变形不断累计、细观破裂不断累计和连通的过程，它涉及从微观到宏观的各种尺度，是微观、宏观间相互耦合的结果。因此需要建立不同尺度之间的关系，才能更好地理解破裂过程的本质。岩石力学中的基本力学试验的目的之一是探寻宏观应力和变形二者之间的关系，现有的试验技术难以完全实现宏观破裂过程的研究。

基于此，本节所进行的拉伸、压缩和剪切数值模拟注重岩石细观结构演化对宏观破裂过程的影响，旨在通过颗粒流程序（PFC2D）研究岩石破裂过程中的细观形成机理，探讨岩石破坏的细、宏观之间的关系。本节中选取的岩石试样均为完整的岩石材料，主要目的是探索岩石的破坏机理。

4.3.1　拉伸试验的颗粒流数值模拟

在单轴或多轴加载压缩条件下，岩石变形特性全过程曲线的试验研究报告成果已有很多，但在拉伸条件下相应的成果却很少。由于试验设备和试验技术方面的原因，岩石拉伸试验相对于压缩试验要复杂和困难得多，而且以往的岩石抗拉试验，大多只局限于测定到岩石拉伸破坏为止的抗拉强度，而有关拉伸破坏点径过峰值强度以后的岩石特征的试验研究成果极少[2]。拉伸破坏是岩石破坏过程中最早发生的现象，是最主要的破裂行为。目前广泛采用的是直接拉伸法和间接拉伸法。本小节选取直接拉伸法[3]进行研究。

直接拉伸法概念明确、方法简单，可用于测定抗拉强度，不需要任何理论上的假设[4]。但是，在实验室内，试样与端面间的胶结强度问题不能被妥善

地解决，同时保持试样与拉杆在同一直线也不是很容易控制。但是这些不利因素对于颗粒流程序 PFC2D 是很容易解决的，它可以建立一个理想的拉伸模拟试验条件。

4.3.1.1　二维颗粒流数值模拟的方案选择和模型建立

由于稻田花岗岩具有各向同性、脆性、致密的力学特性[5]，它的单轴拉伸现象比较明显，因此本小节选择稻田花岗岩的力学参数作为数值模拟的宏观参数（见表4.3），试样模型采用标准尺寸 400mm×800mm，物理力学参数见表4.4。试样模型示意图如图4.10所示。

表 4.3　稻田花岗岩宏观参数

试样类别	弹性模量 E_0/GPa	泊松比	应力降值/MPa	弱面的断裂韧度
稻田花岗岩	37.6	0.23	−6.7	$0.1\sqrt{m}$

注：m 根据具体岩性定义。

表 4.4　岩石试样模型参数

加载方式	抗拉强度/MPa	$fric$	初始孔隙率 n_0	拉压比	剪切强度 G_μ/GPa	加载速度/m·s^{-1}
直接拉伸	70	0.5	0.12	1/10	8.0	0.02

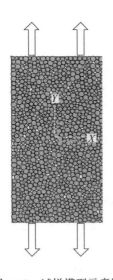

图 4.10　试样模型示意图

4.3.1.2 二维颗粒流数值模拟结果及分析

图4.11为颗粒流数值模拟及试验所得的拉伸应力-应变曲线，从图中可以看到，在拉伸荷载作用下，初始阶段稻田花岗岩力学特性主要为线性变形，非线性变形不明显，与此同时，破坏后区由渐进式的、塑性破裂逐渐过渡到突然的、脆性破裂发展。达到破坏强度后，应力急速下降，约降至极限强度的1/4时，下降速度减缓。从这一过程中能够发现，岩石变形和破裂特征同压缩荷载作用下表现出的特征有很好的一致性。尽管花岗岩是一种抵抗拉伸应力弱的脆性材料，但是在一定条件下仍然能够表现出显著的塑性变形。图4.12是截取岩石试样模型中

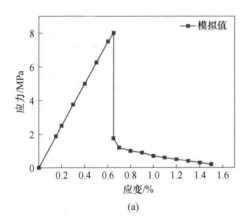

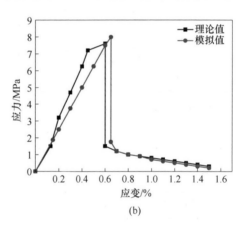

（a）

（b）

图4.11 拉伸应力-应变曲线

（a）颗粒流数值模拟；（b）试验

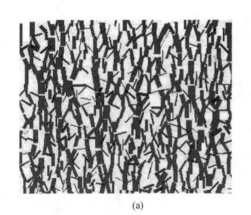

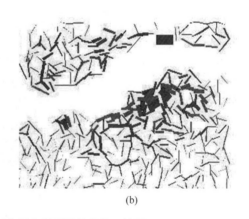

（a）

（b）

图4.12 岩样中部颗粒间相互作用和微裂缝的变化、扩展

（a）颗粒间相互作用；（b）微裂缝的变化、扩展

部进行分析后，得到的从初始加载到最后拉断阶段的颗粒之间相互作用力及产生的裂缝放大情况。当试件受拉达到其强度时，颗粒直接的连接力被破坏，形成裂纹。在单轴拉伸过程中，可认为受拉裂缝的扩展是产生非弹性应变最为直接的原因。通过数值模拟还可以发现，岩石在拉伸条件下控制其强度的主要因素是岩石内部存在的结构面、岩脉等不连续面。虽然本次模拟只针对稻田花岗岩，但对类似的坚硬岩石也有一定的参考价值。

4.3.2 压缩试验的颗粒流数值模拟

在岩石力学所涉及的问题中，大多数情况是压缩荷载。因此，研究压缩荷载下岩石破裂过程中力学行为是岩石力学研究的重要任务。通常最有效的、简单的方法就是进行单轴压缩试验。为了寻求材料破坏（失效）同压缩荷载之间的关系，1773 年 Coulomb 完成了压缩试验，并且得到了一直沿用至今的 Coulomb 剪切理论，这是最早的单轴压缩试验。实际中破裂全过程远远比这种简单的剪切破坏复杂得多，而且这个过程至今也没有被认识清楚[6]。因此本节主要对单轴压缩条件下的岩石试样进行研究。

4.3.2.1 二维颗粒流数值模拟的方案选择和模型建立

对于颗粒来说，在发生破坏之前，摩擦系数（$fric$）的大小决定了颗粒之间的哪个法向连接面可以当作剪切力。选择 4 组不同摩擦系数的岩石试样模型作为研究对象，试样模型采用标准尺寸 100mm×250mm，每种方案中岩石试样模型物理力学参数见表 4.5。选定岩石 PFC 试样模型颗粒半径的分布采用从 R_{max} 到 R_{min} 的正态分布，颗粒平均半径 $R_{av} = R_{max} + R_{min}/2$。按平面应力方式来加载，整个加载过程采用位移控制的加载方式，加载总步数依具体方案而定。试样模型示意图如图 4.13 所示。

表 4.5　岩石试样模型参数

模型类型	$fric$	初始孔隙率 n_0	接触模量 E_c/GPa	摩擦角度 /(°)	泊松比	抗剪强度 G_μ/GPa	加载速度 /m·s^{-1}
M1	0.0	0.12	80	20.3	0.16	10	0.02
M2	0.2	0.12	80	23.6	0.16	10	0.02
M3	0.4	0.12	80	29.6	0.16	10	0.02
M4	0.6	0.12	80	32.7	0.16	10	0.02

图 4.13 试样模型示意图

4.3.2.2 二维颗粒流数值模拟结果及分析

由图 4.14 荷载-位移曲线中可以看出，在加载的初期，荷载-位移曲线几乎是线性的。当荷载达到试件最大承载能力的 50% 左右时，试件的变形开始偏离线性。达到最大荷载之后，使试件进一步变形所需要的荷载越来越小，直至实际宏观破坏。在整个压缩过程中，荷载-位移特性表现出通常在实验室中所观测到的弱化（软化）和残余强度特性。对比 4 个不同摩擦系数下的曲线，可以得出，随着摩擦系数的增大，岩样达到极限强度的应力增大，峰值荷载前岩石试样的非线性变形逐渐减弱，线性变形增强；在峰值强度后，应力下降速率变慢，应变增加较多，岩石试样的破坏向渐进式发展。

同时，由图 4.14 与图 4.11 比较可知，岩石试样的拉伸与压缩破裂过程具有相似的力学特性。首先，在线性变形阶段，两者曲线的斜率基本相同；其次，在非线性变形阶段，非线性变形出现的时间延迟，所需的应力也增加了，而且岩石试样均能保持一定的残余变形。在加载初期，应变能曲线斜率不断增大，应变能释放速率加快，当达到最大荷载后（应变大约至 0.7%），应变能曲线斜率开始减小，应变能释放速率减缓。而对边界工作曲线来说，在加载初期，直到荷载达到试件最大承载能力的 50% 左右时，边界力不断增强，说明颗粒单元相互作用不断增强，破坏分布从无序、随机状态开始向集中状态发展，非线性变形开始表现出来，随后，随着荷载的进一步增大，细观颗粒单元之间遭到破坏边界力的约束开始减弱，试样的宏观破坏变明显，微裂缝的扩展图如图 4.15 所示。

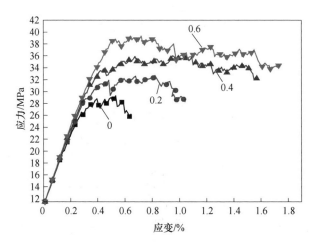

图 4.14 不同摩擦系数下岩石试样的荷载-位移曲线

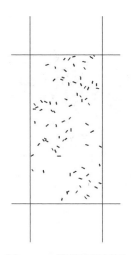

图 4.15 微裂缝扩展图

4.3.3 剪切试验的颗粒流数值模拟

对于室内试验，完成剪切强度测定的试验方法较多，比如用扭转测定剪切强度的方法、剪切面上正应力为零的试验方法和加压条件下测定抗剪强度的方法。目前，为了避免由于弯曲和切削刃引起的应力集中而无法测量拉应力，通常在加压条件下测定抗剪强度的试验方法[7]。本节主要也是用这种方法进行数值模拟。

4.3.3.1 二维颗粒流数值模拟的方案选择和模型建立

试样模型采用标准尺寸400mm×400mm，选定岩石PFC试样模型颗粒半径的分布采用从 R_{max} 到 R_{min} 的正态分布，颗粒平均半径 $R_{av} = R_{max} + R_{min}/2$。按平面应力方式来加载，整个加载过程采用位移控制的加载方式，加载总步数依具体方案而定。物理力学参数见表4.6。试样模型示意图如图4.16所示。

表4.6 岩石试样模型参数

加载方式	$fric$	初始孔隙率 n_0	颗粒弹性模量 E_c/MPa	泊松比	抗剪强度 G_μ/GPa	加载速度 /m·s^{-1}
压缩	0.5	0.12	80	0.16	10	0.02

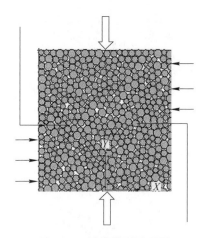

图4.16 试样模型示意图

4.3.3.2 二维颗粒流数值模拟结果及分析

图4.17显示了岩石试样剪切试验应力-应变曲线，这个结果同文献中的结果有着很好的一致性[2]。从图中可以看出，在峰值荷载之后，有一个稳定的残余强度，这是在一般物理试验过程中，一般设备无法达到的要求。图4.18为在剪

切破坏颗粒之间的相互作用的显示图。在加载初期,由于竖向的围压值高于水平方向的荷载,在试样的中心区域形成一个椭圆形的低应力区。随着水平方向荷载的增加,试样中心区域的应力场开始发生旋转,材料力学性质逐渐弱化,随后试样的承载能力下降,开始出现宏观裂纹。在破坏的最后阶段,试样甚至出现水平侧移,如图 4.19 所示。

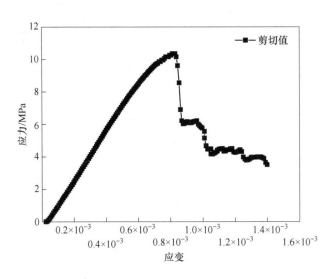

图 4.17　剪切试验岩石试样的应力-应变曲线

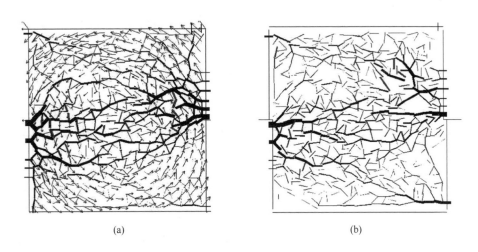

(a)　　　　　　　　　　　　　(b)

图 4.18　剪切破坏颗粒间的相互作用图

(a) 破坏初期; (b) 破坏后期

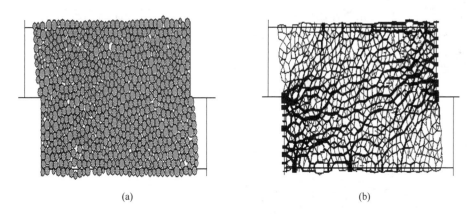

(a)   (b)

图 4.19　岩样水平侧移图

(a) 颗粒水平侧移图；(b) 侧移颗粒间连接力图

参 考 文 献

[1] COOK N G W. The failure of rock [J]. Int. J. Rock Mech. Min. Sci.,1965, 2: 389-403.

[2] 唐春安，王述红. 岩石破裂过程数值试验 [M]. 北京：科学出版社, 2003, 99-128.

[3] 陶履彬，夏才初. 花岗岩拉伸全过程变形特性的试验研究 [J]. 同济大学学报, 1997, 25 (1): 34-38.

[4] 金丰年，钱七虎. 岩石的单轴拉伸及其本构模型 [J]. 岩土工程学报, 1998, 20 (6): 5-8.

[5] 周小平，张永兴. 单轴拉伸条件下岩石本构理论研究 [J]. 岩土力学, 2003, 24: 143-147.

[6] 傅宇方. 岩石脆性破裂过程的数值模拟试验研究 [D]. 沈阳：东北大学, 2000.

[7] 臧德记，刘斯宏. 原状膨胀岩剪切性状的直剪试验研究 [J]. 地下空间与工程学报, 2009, 5 (5): 915-919.

5 节理岩体强度确定方法

节理岩体强度对岩体数值计算方面有着显著的影响，而且它的准确确定是目前岩体工程界所面临的最大难题之一。到目前为止，国内外学者在经验总结、理论推导、现场试验、模拟试验及数值模拟等多个角度均有过详细的研究，但是应用现有的各种计算方法对复杂节理岩体的强度确定结果仍不太理想，目前还难以达到对工程岩体强度的准确把握。

因此，本章在前人工作的基础上，结合上一章节中对岩体力学特性的研究讨论，在颗粒流程序中，根据宏观特性与细观参数间的对应关系，利用损伤数值模型，提出了基于颗粒流的节理岩体强度的确定方法。关于节理岩体的强度准则，对岩体的地质强度指标、岩石的质量指标的分类，以及目前岩体界采用的节理岩体强度经验确定方法的总结，为基于损伤数值模型提出的节理岩体强度确定方法提供了理论依据。

5.1 理论强度及经验强度准则

5.1.1 理论强度准则

强度理论是判断材料在复杂应力状态下是否破坏的理论。18 世纪 Rankine 提出最大正应力理论标志着岩体力学强度理论研究的开始。目前，理论准则大致分为两类，一类是以力学为基础，通过严谨的数学方法推导得出，称之为"理论强度准则"；一类是以试验为主要研究手段，近似描述岩体的破坏机理，称之为"经验强度准则"。近些年来，应用于岩石的理论强度准则比较多，如莫尔-库仑（Mohr-Coulomb）准则、格林菲斯（Griffith）理论与德鲁克-普拉格（Drucker-Prager）准则等。上述的这些强度理论均把岩石材料看成连续的均质介质来处理，实际上岩石内部存在大量的细微裂隙，Griffith 通过对材料及裂隙进行简化，提出以他名字命名的强度准则。历经百年的发展，经典强度理论已经基本能反映岩石的强度特性，是相关工程设计中分析计算的重要依据，在计算机仿真与非线性有限元分析中发挥了重要的作用。但由于经典理论采用的是连续介质的假定，与岩石材料的实际不甚相符，不能解释岩石强度的离散性、随机性等特征，也不能回答岩石强度特性与岩石自组织结构间的问题。为此，国内外的许多学者都在岩石强度理论方面开始新的探索[1-2]。

工程岩体内存在大量的节理裂隙，极大地改变了岩体的力学性质，甚至起着决定性作用。节理裂隙岩体的强度研究很早就引起了国内外岩石力学界的普遍重视，Jaege 对含一组结构面的各向异性岩体进行研究时，假定岩块与结构面的破坏都满足经典的线性 Mohr-Coulomb 准则，得到含单一结构面岩体的破坏特征是受结构面的方位控制的结论，并推导出了相应的理论公式，提出了著名的"单弱面理论"。如果岩体中含有两组或两组以上的结构面，在不考虑结构面间的相互作用时，岩体强度的确定方法是分步应用单弱面理论。随着岩体内结构面数量的增加，岩体强度特性越来越趋于各向同性，而岩体的整体强度却大大减弱。Hoek 和 Brown 认为，含四组以上性质相近的结构面的岩体，在地下工程的开挖设计中按各向同性岩体处理是合理的。

许多岩石力学专家将断裂力学、损伤力学与统计数学等知识引入到岩石力学当中，研究节理裂隙岩体的强度特征。高峰等人依据岩体节理断裂扩展和剪切滑移两种失稳破坏机制，运用数学中的分形理论和统计断裂力学方法研究了不同破坏模式下节理岩体的统计强度，得出了节理分布的分形维数与岩体强度的非线性关系。凌建明根据断裂力学理论与节理尺寸的统计分布规律，指出岩体强度问题实际上是在有效应力作用下沿最可能出现的最大节理端点的裂纹扩展问题，并给出了岩体强度判据。Lajtai 最早采用节理连通率的概念，研究了断续节理岩体的强度。汪小刚等人基于节理参数的概率分布规律，应用蒙特卡洛法产生节理岩体的随机模拟网络，利用特定的方法确定了节理岩体沿各剪切方向的连通率，从而研究各向异性节理岩体的综合抗剪强度指标。但岩体在不同应力状态下节理间的相互作用原理及复杂应力状态下节理岩体的强度特征等仍是理论研究的难点，至今还没有很好地解决。

5.1.2 经验强度准则

岩体是一种地质体，它是由结构面与结构体组成的，结构面的存在使得岩体具有不连续性与非均质性。不同地域的岩体由于地质与构造作用的不同，使得其岩体具有不同的力学性质。长期以来，工程岩体力学参数取值一直采用经验的方法。节理岩体是一个复杂的系统，其强度的确定需综合考虑岩体结构、岩块强度、节理状况及赋存环境等诸多因素，应用理论强度准则去揭示复杂节理岩体的强度特性有时变得不现实，因此，如何正确预测岩体的强度成为岩体工程建设中必须面临的一个关键问题。岩体强度是岩体工程设计的重要参数，原位试验是研究岩体强度的最直接的方法，然而对大多数岩体工程而言，通常不具备开展原位试验的条件，而且难以进行大量试验。因此，如何利用现有地质信息及小型标准试样的室内试验资料，对节理化岩体强度做出合理估算变得尤为重要。

经验强度准则多数是在室内完整岩块试验的基础上，通过引入其他节理岩体评价与描述的参数进行折减，仅折减系数一项就出现数个不同版本。Ikeda K A[3]提出节理岩体强度的折减系数是通过岩体纵波速与完整岩石纵波速间的数学关系间接表示；Kalamaras[4]提出了一个依据 RMR 岩体分类指标进行强度折减系数确定的经验估算公式；Arild Palmstrom[5]指出节理岩体的强度主要受岩体中结构面的蚀变程度、粗糙度、连续性好坏及岩块平均体积大小的影响，并用一个节理状态参数（JP）定量地表示这种影响度；Mahendra Singh[6]把节理岩体的破坏模式分成劈裂、剪切、滑动及转动四种，并赋以不同的参数值，把节理岩体强度的折减表示成变形模量的折减；在1980 年首次提出的 Hoek-Brown 破坏准则基础上，Hoek 和 Brown[7]根据岩体性质的理论与工程实践经验，通过试验法，应用综合反映岩体结构特征和岩体表面状况的地质强度指标（GSI）值来计算强度折减；Ramamurthy T[8]总结、对比了大量含单组节理岩石的室内压缩试验结果，提出用节理性状参数 J_f（包括节理密度、节理倾角系数与节理强度系数三项）作为强度折减的经验指标，并且研究了强度各向异性特征。对于影响节理岩体强度的各因素，人们提出了各种岩体质量评价或岩体分类体系，在众多的分类方法中，被广为应用的有 RMR，Q 及 GSI 等，因为这几种分类体系较好地反映了岩体工程的地质条件，考虑的因素较多，足以描述岩体的自然特性。

5.2 工程岩体指标分类

5.2.1 工程岩体地质强度指标分类

工程岩体强度指标分类方法是由南非科学和工业研究委员会（CSIR）的

Bieniawski 在 1973 年提出后经过多次修改，并逐渐趋于完善的一种综合分类方法。岩体分类指标 RMR（rock mass rating）包括以下 5 个基本分类参数：

(1) 完整岩石材料的强度 UCS；

(2) 岩石质量指标 RQD 值；

(3) 节理间距；

(4) 节理条件（节理隙宽、连续性、粗糙度及充填情况）；

(5) 地下水状况。

分类时首先根据上述 5 个指标的数值按给定的标准进行评分，求和得总分为 RMR 值，然后由节理产状对岩体工程（隧道、地基及边坡工程）影响程度的大小来修正评分值。表 5.1 中将修正后的 RMR 值分成五级，并限定工程节理岩体力学参数 C 和 φ 的取值范围与相应的岩体质量描述。由于 RMR 体系综合考虑了岩体的结构组合特点、所处的地质环境及施工等因素，因此非常适合于工程中节理岩体的质量评价。RMR 岩体质量分类方法在我国的水利水电工程中广泛应用，在甘肃昌马水利枢纽的平洞岩体中做过几十组试验，计算得到的强度指标与勘察设计提供的指标值基本接近。为了减小由于主观因素引起 RMR 分类的误差，Zekaisen 等曾尝试应用连续函数的形式修正原有的跳跃评分值，并取得了一定的效果。

表 5.1 按 RMR 的总评分值确定的岩体分级及岩体质量评价

RMR 总分评价	81~100	61~80	41~60	21~40	<20
分级	I	II	III	IV	V
岩体质量描述	非常好的岩体	好岩体	一般岩体	差岩体	非常差岩体
岩体内聚力 C/kPa	>400	300~400	200~300	100~200	<100
岩体内摩擦角 φ/(°)	>45	35~45	25~35	15~25	<15

5.2.2 岩石质量指标分类

岩石质量指标 RQD 是反映工程岩体完整程度的定量参数，在工程岩体分类中具有关键作用，其中前述的岩体分类指标也包括了岩石质量指标的参数。它是由 Deere 提出，是根据岩芯的完好程度对岩体质量进行定量评价及岩体分类。RQD 值定义为直径大于 100mm 的完整岩芯占岩芯总长度的百分比，岩芯直径至少为 54.7mm，并用双层岩芯管钻进，其值也可以根据体积节理数的经验公式确定。Farmer 根据工程实践，建立了结构面密度、岩体龟裂系数与 RQD 间的近似关系，见表 5.2。

表 5.2 RQD 岩体质量分级

岩石质量分级	RQD/%	结构面密度/m	岩体龟裂系数
极差	5~25	>15	0~0.2
差	25~50	15~8	0.2~0.4
中等	50~75	8~5	0.4~0.6
好	75~90	5~1	0.6~0.8
极好	90~100	1	0.8~1.0

这种方法是一种快速、经济而实用的岩体质量评价方法，但它仅能揭示一维特性，没有反映节理的产状方位等，因此，通常仅在相对完善的 RMR 系统中作为一个基本参数加以利用。

5.3 节理岩体强度确定方法

5.3.1 节理岩体强度经验确定方法

尽管各种节理岩体强度的经验确定方法都是在大量现场与室内资料的统计中总结出来的，但对于复杂多变的工程岩体来说，这种方法还不够完善，使用者对其没有十足的把握，一直存在着"低信誉度"的问题。在部分的节理岩体强度经验确定中，岩石或岩体力学试验方法缺少根据具体工程及地质条件做出的试验设计，试验与工程地质严重脱节，因此造成了节理岩体强度参数确定不准，偏差较大。正如陈祖煌等人指出在具体使用 Hoek-Brown 强度准则时，应多考虑一些保守的处理方案，并总结了几条经验用以降低估计值。N. Krauland 等强调岩体强度对岩体的大小存在着某种依赖关系，并对瑞典 Boliden 公司所辖的 Laisvall 矿的矿柱岩体与 Langsele 矿顶壁岩体的大型原理试验强度与通过 RMR、Hoek-Brown、Q 及修正的 RMR 等六种岩体分类评价体系与反演分析所得的岩体强度进行对比分析，发现了借助岩体分类体系所确定的强度值之间表现出了很大的差异，并指出目前的所有应用岩体分类体系确定强度的方法均没有考虑岩体强度对体积大小的依赖性。这种在室内完整岩石强度的基础上应用岩体分类体系综合确定节理岩体强度的经验方法称为节理化强度折减法，具体包括 Hoek-Brown（GSI）、Q、

RMR 和 JRC 岩体分类指标的四种等效各向同性的节理岩体强度的经验确定方法。

造成节理岩体强度经验估计值高度离散（同一工程岩体，不同经验方法）的主要原因包括：

（1）由于工程节理岩体的复杂性，使得基于声波、试件尺寸及模量的间接强度确定方法的适用性受到了质疑，这类方法均应在各自的限定条件内使用，一旦超出限定范围，估计值会产生较大偏差。

（2）基于岩体分类的强度确定方法是在完整岩石小试件的基础上，主要依赖于对现场节理组构的主观判断来进行评价，没有包括可以反映不同大小岩体试件强度差异特性的指标。

（3）原位试验一般是在工程现场对半米见方的原位岩体简单加工后进行的强度试验，因此这种尺度的原位岩体试验结果必然从某种程度上高估了更大尺寸工程岩体的实际强度，或者是受样品加工时的扰动作用而降低了岩体强度。

从这几个方面综合考虑，原位试验虽能较好地反映岩体的自然特性，但得到的只是有限尺寸范围内节理岩体的强度特征，因此可以说原位试验结果的分散性在很大程度上也是由尺寸效应所引起的。从逻辑上考虑，应用岩体分类的方法进行等效各向同性岩体强度的确定，存在的问题是岩石标准试件的单轴试验是针对室内岩块，而包括节理描述的岩体分类是针对工程岩体，所以需要引入一个能反映试件尺寸效应的参量。Muller 也曾指出任何适用于节理岩体的强度评判方法必须是对尺寸效应敏感的。工程实践也证实，如果没有足够多的大尺度岩样的试验，仅依据小尺寸岩石试件的强度数据是不能确定出像矿柱那样直径达数米的岩体强度。传统的考虑试件尺寸效应的节理岩体强度参数评价方法有两类：一类是通过对同一岩性中的不同大小节理岩石试件（50~2760mm）进行为数不多的室内试验后拟合曲线外延所得；另一类是通过多次模型试验或数值模拟的方式获得节理岩体的表征单元体（REV），然后再将 REV 的本构关系外推到实际的节理岩体中。一般地，在研究含有节理的岩石试件强度尺寸效应时，问题会变得异常复杂，因为除了由于试件尺寸改变引起的强度变化外，还有节理的影响，二者的关系现阶段还无法真正弄清。

那么如何寻求一种既能考虑试件的尺寸效应，又可提高节理岩体经验强度估计值的有效方法呢？众所周知，完整岩石试件的尺寸效应研究要比节理岩石的尺寸效应研究容易得多，而且也能很好地解决以往经验方法中存在的强度评价对象与强度折减对象不一致的问题，即强度评价对象是工程节理岩体，而相应的强度折减对象是室内完整岩石块体。

鉴于以上原因，利用"合二为一"的创新思维，在原有基于岩体分类的等效各向同性节理岩体的经验强度估算中引入完整岩石试件的尺寸效应作为载体，提出了节理岩体强度经验估算的"尺寸效应折减"与"节理化折减"的二次强度折减法，即首先对实验室标准完整岩石试件进行尺寸效应的折减，再根据现场地质条件及赋存环境等影响因素通过各岩体分类指标值进行节理化折减，最终得出与实际相符的不同尺度大小的节理岩体的经验强度。节理岩体的尺寸效应折减与节理化折减的二次强度折减法可用通式表示为：

$$\sigma_{cm} = \sigma_{ci} \cdot f(SER) \cdot f(JR) \tag{5.1}$$

式中　σ_{cm}——工程岩体强度；

　　　σ_{ci}——室内完整岩石试件的抗压强度；

　$f(SER)$——岩体对岩石试件的尺寸效应折减系数；

　$f(JR)$——节理等地质因素对岩体的节理化折减系数。

$f(SER)$ 指的是尺寸效应对强度的影响因素，$f(JR)$ 包括的实际上就是工程地质条件与外部作用环境对强度的影响。

现阶段关于完整岩石是否存在尺寸效应基本上没有异议，即认为岩石强度尺寸效应是存在的，并且将形成岩石强度尺寸效应的可能原因归结为以下两点：

（1）认为随着岩石样品尺寸的增加，其内部裂隙缺陷也会随之增多，从而可能造成了岩石破坏沿更弱的路径发生，最终降低岩石的总体强度；

（2）认为完整岩石样品强度的尺寸效应是由其非均质性所引起的。

Hoek、Brown 与 Wagner 分别在大量无节理完整岩石试验数据分析的基础上，拟合了下面两个经验公式：

$$\sigma_{ci} = \sigma_{c50}(50/D)^{0.18} \tag{5.2}$$

$$\sigma_{ci} = \sigma_{c50}(50/D)^{0.22} \tag{5.3}$$

式中　σ_{c50}——直径 50mm 试件的单轴抗压强度，MPa；

　　　D——实际试件的等效直径，mm。

Barton 在 Hoek、Brown 与 Wagner 完整岩石尺寸效应建议曲线及公式的基础上，提出了改进的大尺度完整岩石的强度折减方法，具体的做法是将 Hoek、Brown 与 Wagner 所提出经验公式中的岩石强度项 σ_{ci} 用下式替换：

$$\sigma_{ci} = \sigma_{c50}(50/D)^{0.2} \tag{5.4}$$

式中参数意义与上述公式一致。

　　以上论述的是关于岩体强度的经验折减方法，岩体变形模量的经验估算可以在岩体强度确定完成后，应用前人总结出的岩体变形模量与岩体抗压强度间的经验关系式进行转换而得。除此之外，也可直接应用其他变形模量的经验确定方法进行综合评价。

5.3.2　基于颗粒流的节理岩体强度确定方法

　　传统岩石的数值模拟试验没有所谓的拟合过程，具体的做法是，首先根据理论或经验选择一种本构关系或强度破坏准则，然后建立相应的数值模型进行数值计算时间步长的迭代，从而获得模型的变形及力学特性。颗粒流数值模型是利用颗粒单元间的相互作用力来改变整体模型的力学特性，其强度随着内部细观结构发生变化。数值试验在模拟相对应的室内试验时也较容易，比如为了匹配完整岩石的抗压强度，可以根据 Cundall P A 建议的颗粒流中宏观特性与细观参数间的对应关系，将细观颗粒材料强度的均方差设定为零，通过几次调整细观颗粒强度的均值就可获得与室内试验一致的强度峰值。

　　选取含单一典型节理的岩石试件作为节理岩体的最简单形式进行强度研究，应用前面章节所建立的颗粒流节理岩体损伤数值模型，对应室内完整岩样的尺寸建模（见图 5.1（a）），模型的建立要尽可能保证数值模型的几何尺寸同实际岩石试件完全相同。通过对数值试验编写命令流程序模拟出与实际情况相似的加载条件，实现了室内完整岩石压缩试验的数值模拟，图 5.1（b）所示为完整岩石在单向加载作用下破坏的位移矢量图。

(a)　　　　　　　　　　　　(b)

图 5.1　岩石数值试验模型

（a）完整岩样；（b）破坏矢量图

为了更加快速、相对准确地获得工程节理岩体的强度，基于人工智能理论（神经元网络与支持向量机）的强度预测模型是一个很好的发展方向。从本章已研究的节理岩体强度经验确定与数值模拟试验两部分内容中可知，工程节理岩体强度预测模型的建立必须要考虑以下 7 个方面的因素：完整岩石强度 σ_c、岩体尺寸 D_R、优势节理组方位 J_{DD}、节理间距或密度 J_S、节理等效连通率 J_x、节理面的几何及力学性质 J_P、工程地质环境 C_S（主要指限定围压）。具体见式（5.5）：

$$S_R = f(\sigma_c, D_R, J_{DD}, J_S, J_x, J_P, C_S) \qquad (5.5)$$

如果通过工程地质现场量测及相关的室内试验等手段获得了影响工程节理岩体强度的 7 个因素，那么就可以应用颗粒流的数值试验方法确定出不同工程节理岩体的强度。针对不同岩体进行大量的类似工作（野外测量、室内试验及数值试验），当原始样本数量达到一定程度后，即可利用智能分析工具进行预测分析。为了真正能应用于岩体工程的评价及分析，尚需引入强度各向异性的影响因子（K_a）对岩体强度从不同几何方位进行评价，见式（5.6）：

$$S_R = f(\sigma_c, D_R, J_{DD}, J_S, J_x, J_P, C_S) \cdot K_a \qquad (5.6)$$

参 考 文 献

[1] 俞茂宏，昝月稳，范文，等 . 20 世纪岩石强度理论的发展——纪念 Mohr-Coulomb 强度理论 100 周年 [J]. 岩石力学与工程学报，2000，19（5）：545-550.

[2] 谢和平，彭瑞东，周宏伟，等 . 基于断裂力学与损伤力学的岩石强度理论研究进展 [J]. 自然科学进展，2004，14（10）：1086-1092.

[3] IKEDA K A. Classification of rock conditions for tunnelling. [C] //1st Int. Congr Eng. Geology LAEG, Paris, 1970：1258-1265.

[4] KALAMARAS G S, BIENIAWSKI Z T. A rock mass strength concept for coal seams incorporating the effect of time [C]. 8Th ISRM Congress, Tokyo, 1995：295-302.

[5] ARILD P. Characterizing rock masses by the RMi for use in practical rock engineering：Part 1： The development of the Rock Mass index（RMi） [J]. Tunnellingand Underground Space Technology, 1996, 11（2）：175-188.

[6] MAHENDRA S, K. SESHAGIRI R. Empirical methods to estimate the strength of jointed rock masses [J]. Engineering Geology, 2005, 77：127-137.

[7] HOEK E, BROWN E T. Practical estimates of rock mass strength [J]. Int J Rock Mech and Mining Sci.,1997, 34（8）：1165-1186.

[8] RAMAMURTHY T, ARON V K. Strength predictions for jointed rocks in confined and unconfined states [J]. Rock Mech Min. Sci. & Geomech. Abstr., 1994, 31（1）：9-22.

6 隧道塌方全过程颗粒流数值模拟

在对节理岩体数值模拟研究的基础上,本书前面的章节开发了节理岩体损伤数值模型,并对其进行反复验证,证明其合理性和适用性,并力求能够应用于工程实际中。

对于实际岩体工程而言,利用数值模型模拟的方法有很多优点:可以缩短工程设计分析周期,并起到预测监控、避免造成巨大损失的作用;计算参数便于调节,使用灵活,可考虑多种工况情形;计算结果可以重复,可简化复杂的理论解析推导等。

本章工程应用将结合隧道塌方的影响因素,以及2000年东秦岭隧道正洞塌方事故发生现场 DK95+628~+635 段的地质条件,利用前述研究成果——损伤模型进行塌方数值模拟,实现其现场应用和验证。并针对数值模拟的结果,对东秦岭隧道塌方的力学机理进行分析讨论。在此基础上,通过数值模拟预测和监控,从而对以后类似隧道塌方事故的预防和整治起到一定的作用。

6.1 工程背景

东秦岭隧道进口段位于陕西省蓝田县灞源乡境内,道沟峪垭口向东南穿越秦岭,进口位于灞源的阳坡西,出口位于油坊店。隧道起讫里程为 DK95+278~DK107+546,全长 12268m,是我国西部大开发头号重点工程和西安南京铁路的控制工期工程,位居中国铁路双线电化隧道第三位。

该隧道是重点控制工程,位于直线上,洞身纵坡为小人字坡,除进口段的852m 为 7.4‰与 4.5‰的上坡外,其余地段全部为 3.5‰与 11‰的下坡。隧道通过的秦岭岭脊高程约为1590m,最大埋深约为580m。进口段隧道地质构造复杂,受 F5 区域性大断层和地形构造影响严重,设计有 447m 碎裂岩(以Ⅰ、Ⅱ类围岩为主,其中含 F5 断层Ⅰ类围岩 75m),4187m 石英岩和 1500m 片岩(以Ⅳ、Ⅴ类为主)。进口段设计最大涌水量为 5127.8m³/d,分段稳定涌水量为

$1709.3\text{m}^3/\text{d}$。本隧道设计为复合式衬砌，双线电化断面，弹性整体道床，采用新奥法施工。隧道右侧设有贯通的平行导坑（与正洞左线线间距30m），进口段施工长度为6141m，断面净面积为27.2m^2。

东秦岭隧道通过地层构造为片麻岩、片岩、石英岩、大理岩、千枚岩等变质岩和石灰岩、白云岩、花岗岩等沉积岩或火成岩。隧道出口段Ⅰ类围岩占1.1%，Ⅱ类围岩占7.0%，Ⅲ类围岩占44.5%，Ⅳ、Ⅴ类围岩分别占35.4%和12.0%。共需穿越6处断层破碎带，除5处小断层（宽度约5~20m）外，其中的F6大断层设计宽度65m，开挖后的实际情况表明，断层及其影响带涉及总宽度达398m。东秦岭隧道平导F6大断层及其影响带主要由山断层泥砾和碎裂岩组成，涉及岩层主要为奥陶系黑色碳质千枚岩，片理发育，片理面富集云母，间夹石英，岩层揉皱，褶曲发育，岩体质软、破碎、潮湿、滑腻，局部挤压，呈旱沥青状。

2000年9月22日，正洞DK95+628~+635段右侧拱顶突然发生失稳坍塌，同时左侧拱顶钢支撑从L2与L3连接板处折断。为稳固后方，立即对DK95+590~+628段喷射砼加固，但至23日从DK95+600向大里程方向又突然失稳，左侧钢支撑突然向隧道净空处移动1.0~1.5m，拱部发生坍塌。DK95+600~+635段被塌方体封堵，坍塌情况不明。

根据观测和量测资料，DK95+600~+512地段开裂变形比较严重，从而证明前面的塌方仍在发展中，DK95+600~+512地段的情况也非常危险。

正洞掌子面里程DK95+685，拱墙里程DK95+512，仰拱铺底里程DK95+573（左）、DK95+560（右），墙脚里程至DK95+573（左）、DK95+555（右）。平行导坑施工至DyK96+133，超前塌方段530m。

本文选取正洞DK95+628~+635段右侧为重点研究对象，该段围岩为灰白色片岩，中间夹有少量石英岩和大量断层泥，地下水发育，呈松散状角砾砂结构，塌方体均为粉末状砾砂和断层泥，均呈饱和状态，围岩类别为Ⅰ类[1]，隧道最小埋深为79m。

6.2 隧道塌方影响因素分析

在地质不良区段修筑隧道，常会遇到洞顶围岩塌陷、侧壁滑动等现象，甚至会发生冒顶等严重情况，这些现象在施工中均称为塌方。隧道结构失稳塌方包括两个大的方面，一个是隧道围岩失稳塌方，另一个是支护结构失稳塌方。也就是说隧道塌方归根到底是由人们对围岩稳定和锚喷支护结构作用原理两方面的认识能力不足造成的。

从隧道围岩和支护结构稳定性着手分析，导致隧道塌方地质灾害的原因是多方面的，但综合分析不外以下几个方面：地质条件不良、设计定位不合理、施工方法不当等。塌方事故通常不是由某一单一原因导致产生的，而是多种原因相互作用的结果[1-5]。

目前，关于塌方产生的原因，一般认为包括工程地质因素、围岩应力因素、设计因素和施工因素等。

6.2.1　工程地质因素

隧道工程属于地下工程，地质情况千变万化，施工过程中受各种不可预见的地质现象的影响巨大。隧道工程受多变的地质条件影响，如遇到地下水、岩溶、断层破碎带、高地应力、岩爆、瓦斯、偏压浅埋、膨胀土等条件，施工难度大，安全性差。而且隧道开挖跨度大，双车道隧道洞宽多在 10m 以上，这对隧道的地质勘查提出了更高的要求。事实上，地质因素的千变万化和其很多时候的不可预见性是造成塌方事故的决定性原因。

（1）岩体结构类型。岩体结构对隧道围岩稳定性的影响，是导致隧道塌方的主要影响因素。一般来讲，一些规模较大的塌方，大多都是由于围岩破碎、自稳性差引起的。隧道岩体越破碎、越松散，发生塌方的概率越大。层状岩体含软弱结构面的区域，断层及其破碎带或节理面呈楔形状态，构成不利组合的区域，都是隧道施工塌方灾害多发区。

（2）围岩强度。围岩强度是导致隧道塌方的另一重要因素。隧道围岩本身就是一种天然承载结构，承载能力的大小与其强度有关。一般说来，围岩强度越高，围岩变形破坏的程度就越小，隧道就越容易支护；围岩强度低、吸水率高、层理节理发育、其本身稳定性和承载能力就比较低。多个隧道塌方案例调查表明，软岩塌方一般随机性大、规模大，结构面往往不起控制作用，岩石强度起着主导作用。当隧道穿过不稳定的软弱地层如饱含水分的黏土层、风化极严重的岩层、结构松散的堆积体时，由于围岩强度极低，常在开挖中引起坍塌。

（3）地下水的影响。地下水既能影响围岩的应力状态，又能影响围岩的强度；结构面中孔隙水压力的增大能减小结构面上的有效正应力；在有软弱结构面的围岩中，水会使岩体结构面的抗剪稳定性降低；地下水的物理化学作用常能降低岩体的强度，对软岩尤为明显。

6.2.2 围岩应力因素

围岩应力的大小、方向对塌方具有重要的影响。这里的围岩应力既包括隧道所处地段的原岩应力，也包括隧道截面不同形状引起的应力集中区。

（1）自重应力。由上覆岩体自重构成，随着地下工程深度的增大，自重应力会呈线性增加。上覆岩层为多层不同岩石时，岩体自重应力为不同岩层自重应力之和。

（2）构造应力。构造应力为由于地质构造运动所产生的积蓄在岩体内的能量应力。隧道开挖后岩体构造应力会重新分布，并且会在隧道围岩上出现应力集中的现象，会加剧围岩的破坏。

（3）松散岩石压力。地下工程由于开挖而松动或塌落的岩体重力、作用在隧道支护上的压力，以及包括隧道所承受的上部松散岩石自重产生的竖向压力和两侧或一侧松散岩石克服内摩擦产生的侧压力。

（4）膨胀应力。岩体中含有的膨胀性黏土矿物，由于风化吸水产生的膨胀、崩解、体积增大而产生的压力。岩体的膨胀压力，既取决于其含蒙脱石、伊利石和高岭土的含量，也取决于外界水的渗入和地下水的活动特征。

（5）支承压力。由于开挖影响而造成的附加的、随时间变化的、暂时的支承作用力，其峰值压力可比静压高出数倍，会使隧道硐室产生较大的压力和变形。

6.2.3 设计因素

在设计过程中若对围岩判断不准或情况不明，从而设计的支护类型与实际要求不相适应，也是导致施工中产生松弛坍塌等异常现象的原因。而且设计中地质勘查的周密详尽程度也是影响施工塌方事故发生的诱发甚至主导因素。

6.2.4 施工因素

不规范施工也是导致塌方的重要因素之一。就我国目前的状况来说，施工单位众多，隧道施工队伍的技术水平发展很不平衡，管理及施工水平参差不齐，加之一些施工环节的操作不规范，而且有的施工企业和人员对新奥法原理缺乏深入的学习、认识、研究和应用，导致不规范施工现象较为普遍。比如，新奥法之"岩承理论"要求硐室开挖后及时提供支护反力，限制围岩的松弛和变形，也正是在此过程中实现围岩的自承和自稳。反之，若在隧道开挖后不能及时地喷射混凝土予以封闭，围岩因为有了新的临空面而应力重分布，使松弛范围逐步扩大，从而不仅加大了荷载，与新奥法理论的初衷相悖，而且极易产生塌方等工程事故。另外，对地质情况掌握不够，从而选择了不合适的施工技术，如急于进洞、爆破方法选择不当或者选择了不合适的施工方法也会引起塌方。

6.3　东秦岭隧道塌方情况

2000 年 9 月 22 日，东秦岭隧道正洞 DK95+628～+635 段右侧拱顶突然发生失稳坍塌，同时左侧拱顶钢支撑部分连接板处折断，图 6.1 为塌方前隧道内部破坏情况。根据观测和量测资料，掌子面里程 DK95+685，拱墙里程 DK95+512，仰拱铺底里程 DK95+573（左）、DK95+563（右），墙脚里程至 DK95+573（左）、DK95+563（右）。至 9 月 23 日从 DK95+600 向大里程方向又突然失稳，左侧钢支撑突然向隧道净空处移动 1.0～1.5m，拱部发生坍塌。DK95+600～+635段被塌方体封堵，坍塌情况不明。

通过不同角度的分析可知：围岩地质条件差、节理裂隙发育及初期支护设计强度不足是造成本次塌方事故发生的内因所在，而该隧道施工中工序失衡及没有足够重视地质预测和监控量测是导致本次塌方事故的直接原因。结合现场工程技术人员和专家现场的分析意见及事后塌体处理中掌握的真实情况，可知东秦岭隧道塌方事故的发生有着多方面的原因，是多种影响因素共同作用的结果。

(a)

(b)

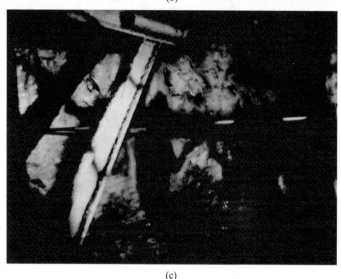

(c)

图 6.1 塌方前隧道破坏图

(a) 塌方前隧道正洞大样；(b) 拱腰处围岩开裂剥落；(c) 隧道钢支撑折弯

关于东秦岭隧道发生塌方的地质因素可归结为：该段围岩为灰白色片岩，成分以绿泥石、云母为主，中间夹有少量石英岩和大量断层泥，结构为鳞片状，属于Ⅰ、Ⅱ类。岩石新鲜或微风化，性质基本稳定，受地质构造的影响很小，节理裂隙不发育或者稍发育，层间组合差，结构面无不稳定组合或者仅局部有不稳定组合。坍塌段围岩受构造影响，为节理、层理发育密集区。结构面发育，部分张开并湿润，层间咬合不良，构成较多隐性三角形块体，极易引发局部突然坍塌。

6.4 东秦岭隧道塌方过程数值模拟

6.4.1 参数的选取

在隧道塌方模拟过程中，因为涉及的隧道结构复杂、面积大，利用单位长度的颗粒矩形体来模拟工程中岩体的实际宏观力学性能是个难点。先根据开发的节理岩体损伤模型，调试好其颗粒接触数量、孔隙率、滑动摩擦系数和应力-应变参数。同时，利用离散元方法中黏结和接触的基本物理意义，结合一般岩石材料常规的劈裂强度、剪切强度和模量，调整微观参数，赋予材料模型。除此之外，由于不同节理岩体具有不同的特性，还需针对东秦岭隧道的地质状况，合理地编写 FISH 语言，添加到颗粒流程序中。

6.4.1.1 围岩参数

对于一般岩体来说，它的变形是由于节理变形及岩块自身变形的共同作用。但是，对于节理发育的岩体，其变形主要取决于岩块沿着节理面的滑移或者是节理面的张开程度。在某些情况下，岩块会沿节理面发生转动甚至脱离，此时可以认为节理岩体的破坏机理主要由岩块沿节理面的大规模滑移所决定。在本次数值分析中，围岩主要为灰白色片岩，中间夹有少量石英岩和大量断层泥，结构为鳞片状，属于 I、II 类。岩石新鲜完整，受地质构造影响小，岩体大部呈微风化，节理裂隙不发育或轻度发育，局部中等发育。设定围岩材料为弹塑性材料，服从 Mohr-Coulomb 屈服准则，围岩及隧道支护结构物理力学参数见表 6.1。

表 6.1 围岩及隧道支护结构物理力学参数

材料名称	弹性模量 E /GPa	泊松比	容重/kN · m^{-3}	黏聚力/kPa	内摩擦角 /(°)	厚度/mm
围岩	0.5	0.30	25	100	25	—
钢拱架	24	0.25	24	—	—	220
仰拱回填	28	0.25	25	—	—	450

6.4.1.2 节理参数

本次数值模拟中，节理的应力-位移关系可以结合工程上常用的库仑滑移模型（coulomb slip joint model）来描述。滑移可以通过测量圆区域内的某类物理接触所占比例来确定。在颗粒流程序中，通过分配材料特性参数信息，用节理生成器生成弱面，赋予节理号，针对不同的节理特性，可以通过设定节理面范围内颗粒间的平行连接参数、摩擦力、法向刚度和切向刚度等，分配不同于其他接触的接触模型和特性来模拟节理的力学行为，从而对设置在材料中的不连续体进行模拟。根据地质补充勘查报告及相关岩体节理试验研究成果，模型中节理参数选取见表6.2。

表 6.2 节理物理力学参数

力学特征	法向刚度 /GPa·m^{-1}	切向刚度 /GPa·m^{-1}	黏聚力/MPa	摩擦角/(°)	抗拉强度/MPa
闭合节理	8.32	2.64	1.2	30	0.9
有填充节理	4.59	2.01	0	15	0

在此处需要强调的是，在实际数值模型中填充颗粒时，与损伤模型相关的微观参数取值见第3章。

对于选取的东秦岭塌方断面的右端，它包含有众多的节理裂隙切割的节理岩体，不可能用节理单元逐一模拟如此众多的节理裂隙，也不能略去这些节理裂隙的存在而使岩体力学性质发生变化的特性，因此，深入认识地质原型，查明各种边界条件，并考虑所存在的明显结构面是十分必要的。为了对应实际工程岩体，通过前文所做的地质研究工作，在得到的围岩及隧道支护结构物理力学参数、节理物理力学参数的基础上，在初步建立起数值模型后，根据颗粒流程序，首先标记出明显结构面，分配不同的力学参数，单独定义颗粒间的法向和切向接触力、刚度和摩擦力大小。然后对其他部分纳入节理岩体范畴进行综合考虑，力求与工程实际一致。

6.4.2 隧道损伤数值模型的建立

本节选取东秦岭隧道典型塌方断面DK95+628~+635段右侧为研究对象，围岩类别为Ⅰ类，隧道最小埋深为79m。正洞掌子面里程DK95+685，因此在塌方发生时忽略断面不受掌子面空间效应的影响，将其简化成平面弹塑性问题，并对其进行二维平面数值模拟分析。采用PFC离散元软件对该断面进行数值计算，分析其塌方前围压的应力、位移特征及周边支护结构的受力情况。

根据东秦岭隧道的断面情况（见图6.2）建立的计算损伤模型如图6.3所

示，模型上边界取至地表，为模拟隧道实际埋深，取隧道最小埋深为79m，模型左右侧和下方边界都取距隧道约4倍洞径。模型左右边界设为 X 方向位移约束，下边界设为 Y 方向位移约束，上边界自由，考虑岩体中的优势节理面影响。

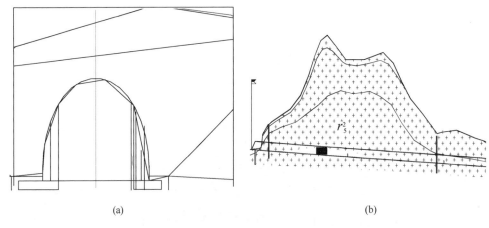

(a)   (b)

图6.2 东秦岭隧道地质断面图

（a）洞口设计图；（b）纵断面图

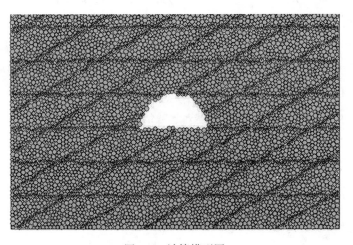

图6.3 计算模型图

6.4.3 塌方数值模拟结果及分析

因为颗粒流程序可以利用时步模式来逐步加载，时间步长也会随着颗粒周围的接触数量及瞬时强度值而变化，所以在模拟过程中考虑应力的逐步释放，开挖模拟中速率取0.02m/s，模拟结果如图6.4和图6.5所示。

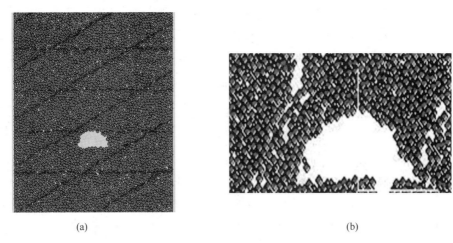

(a)　　　　　　　　　　　　　　　　(b)

图 6.4　塌方破坏图

（a）隧道洞口塌方图；（b）洞口放大图

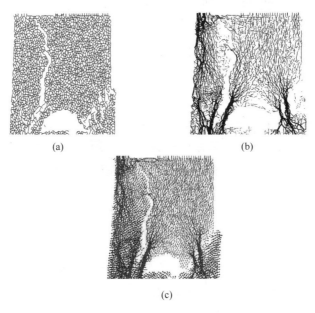

(a)　　　　　　　　　　　　　　(b)

(c)

图 6.5　塌方数值模拟图

（a）颗粒间连接；（b）接触连接的分布；（c）位移和连接力分布

从图 6.4 中可以看到，洞口变形明显，洞口上方有颗粒下落，拱顶偏右部分总位移量最大，已经严重侵入隧道净空，岩块沿着节理面发生了明显的滑移张开。拱底附近由于支护作用位移量较小，位移以竖向位移为主。

本次数值模拟的对象围岩被节理切割，构成了大范围的不利组合形式，塌方现象发生后，岩石的弹性模量和强度突然下降，隧道围岩在各种因素的共同影响下出现塑性区，最终导致拱顶掉块进而垮塌。模型中表现在大部分颗粒间的连接增强，部分颗粒之间的连接断开，局部破裂逐渐增多，开始出现裂缝，最终导致坍塌变形，见图6.5中显示的颗粒间的连接（图6.5（a））、接触连接力的分布情况（图6.5（b）），以及模型中颗粒单元的位置变动和连接力的综合分布图（见图6.5（c））。随着围岩压力的进一步增大，围岩内部进行剧烈的应力重分布，使围岩内的节理裂隙不断发展，节理最终贯通岩体形成塌方楔形体，初期支护强度难以阻止其发展扩大。因此，塌方段岩体节理发育也是导致本次隧道塌方的一个重要影响因素。初期支护先是多处发生了开裂折断，随着情况的恶化进而与拱顶岩体一起垮塌下来。节理化岩体在隧道开挖支护后，应力重分布后构成的应力状态对隧道稳定性威胁很大，施工中应采取有效措施，如超前支护、注浆加固等，一般的初期支护强度是不够的，应及时施作二次衬砌，阻止险情的发展恶化。

6.5 东秦岭塌方力学机理分析

东秦岭隧道岩体破碎，结构松散，自身强度低，承载能力小，自稳定能力很差。在隧道开挖前，围岩内部的应力处于相对平衡的状态。由于隧道开挖破坏了岩体初始应力的变化，围岩内发生了应力重分布，随着时间的推移，围岩的应力状态不断地进行着调整。其基本过程是：隧道开挖引起围岩应力变化—围岩发生变形—应力进行重分布—岩体继续变形，这样相互适应、相互影响，循环往复，最后达到新的平衡状态。

隧道开挖后，由于围岩应力超过了岩体的极限屈服强度，岩体会沿多组断裂结构面发生剪切错动而首先发生松弛，并且围绕硐室形成了一定范围的碎裂松动带或松动圈。这类岩体松动带是极不稳定的，会严重影响隧道结构的安全性，极易导致隧道拱顶的坍塌和边墙的失稳。随着时间的推移，围岩松动带的范围会逐步扩大，岩体破坏所造成的崩落会向上发展，隧道顶板中央的压应力就会随冒落高度的增高而迅速增大，由于此时没能及时采取有效防治措施，隧道顶拱的崩落作用必将累进性地加速发展，进而造成了严重的塌方事故。同时隧道塌方段围岩属于软弱围岩，其力学属性表现出明显的流塑性，软岩流变性显现突出，塌方之前有一段较长的过渡期，围岩的应力会不断松弛降低，当其应力值超过门槛值后变形突然加速且持续增加，最终围岩侵入隧道净空导致隧道结构失稳而塌方。

本章主要利用颗粒流损伤数值模型对东秦岭隧道塌方进行了数值模拟，并针对数值模拟的结果，对东秦岭塌方的力学机理进行了分析讨论。并介绍了隧道塌方的影响因素及东秦岭的塌方情况。为后面塌方数值模拟起到了很好的引导作用。

结合现场工程技术人员和专家现场的分析意见及事后塌体处理中掌握的真实情况进行物理参数的选取，建立塌方数值模型，进行数值模拟。模拟结果显示：隧道开挖后，由于围岩应力超过了岩体的极限屈服强度，岩体会沿多组断裂结构面发生剪切错动发生松弛，影响了隧道结构的安全性。围岩被节理切割，构成了大范围的不利组合形式，出现塑性区，其内部进行剧烈的应力重分布，使围岩内的节理裂隙不断发展，节理最终贯通岩体形成塌方楔形体，拱顶掉块进而垮塌。

关于对东秦岭隧道塌方的数值模拟可以得到，数值模拟可以合理地预测实际隧道工程的可能破坏模式及评估隧道岩体的稳定性，通过数值模拟预测和监控对塌方事故起到一定的预防和借鉴意义。

参 考 文 献

[1] 汪成兵，朱合华. 隧道塌方机制及其影响因素离散元模拟 [J]. 岩土工程学报，2008，30 (3)：450-456.

[2] 王贵君. 节理裂隙岩体中不同埋深无支护暗挖隧洞稳定性的离散元法数值分析 [J]. 岩石力学与工程学报，2004，23 (7)：1154-1157.

[3] 赵兴东，段进超，唐春安，等. 不同断面形式隧道破坏模式研究 [J]. 岩石力学与工程学报，2004，23 (S2)：4921-4925.

[4] 张成平，韩凯航，张顶立，等. 城市软弱围岩隧道塌方特征及演化规律试验研究 [J]. 岩石力学与工程学报，2014 (12)：2433-2442.

[5] 杨光，刘敦文，褚夫蛟，等. 基于云模型的隧道塌方风险等级评价 [J]. 中国安全生产科学技术，2015，11 (6)：95-101.

7 颗粒流相关问题的探讨

对于颗粒流程序来说，颗粒参数与宏观试验获得的参数并不相同，它指的是细观接触的特征。如果参数调整合理，其细观方面的功能能够弥补模型试验中的缺陷，最大限度地还原岩体力学行为的本源现象。从颗粒介质细观本质出发来研究岩体的力学性质变化，无疑具有重要的理论和现实意义。考虑到岩体结构的复杂性以及当前研究水平的局限性，目前仍未形成一套比较完善的理论和方法来表述细观尺度量与宏观尺度量之间的定量关系，所以在数值模拟中参数的选择往往要通过多次试算来确定。

同时，在数值模拟中，有时候需要用真三维全局地质解译标定，清除非地质专业人员对地质勘查数据的理解障碍，实现三维可视化，所以有些模拟图需要用三维模型来形象处理。

基于此，本章将对影响岩样模型性质的基本力学参数进行分析讨论，从而为以后颗粒流模型基本参数的选取提供一定的数值试验依据。除此之外，因为三维数值模型比二维数值模型更直观，本章将选取真三轴试验及隧道塌方情况，建立简单的三维数值模型并进行分析讨论。

7.1 颗粒流程序的细观参数

对于由颗粒流程序建立的岩石试样来说，黏结强度、颗粒法向刚度与切向刚度比值、平行黏结法向刚度与切向刚度比值和颗粒接触模量的选取是影响岩样模型性质的基本参数。所以，本节从颗粒流程序中的参数出发，依次讨论黏结强度、颗粒法向刚度与切向刚度比值、平行黏结法向刚度与切向刚度比值和颗粒接触模量对岩样模型宏观力学性质的影响，力求最大限度地还原岩体的特性。同时，本节工作对以后岩体颗粒流模型基本参数的选取有一定的借鉴意义[1-2]。

7.1.1 黏结强度的影响

7.1.1.1 二维颗粒流数值模拟的方案选择和模型建立

选择试样模型的标准尺寸为 100mm×200mm，在围压为 300MPa 下进行模拟。建立模型 M1、M2、M3、M4、M5、M6、M7、M8、M9、M10、M11 和 M12，颗粒间黏结强度分别为 10MPa、30MPa、50MPa、70MPa、90MPa、110MPa、130MPa、150MPa、170MPa、190MPa、210MPa 和 230MPa。选定岩石 PFC 试样模型颗粒半径的分布采用从 R_{max} 到 R_{min} 的正态分布，$R_{max} / R_{min} = 1.66$，试样颗粒密度为 2630kg/m³。按平面应力方式来加载，整个加载过程采用位移控制的加载方式。加载总步数依具体方案而定。每种方案中其他相关物理力学参数见表 7.1。模型示意图如图 7.1 所示。

表 7.1 在不同黏结强度下岩石试样模型参数

模型类型	黏结强度 /MPa	围压 /MPa	最小主应力 σ_3 /MPa	最大主应力 σ_1 /MPa	黏聚力 C /MPa	内摩擦角 φ /(°)	颗粒最小半径 R_{min} /mm	颗粒接触模量 E_c /MPa
M1	10	300	300	814.83	9.12	26.72	0.25	49
M2	30	300	300	852.97	17.19	26.16	0.25	49
M3	50	300	300	844.72	22.26	26.11	0.25	49
M4	70	300	300	854.92	30.55	25.89	0.25	49
M5	90	300	300	869.39	45.52	24.70	0.25	49
M6	110	300	300	928.15	56.57	25.08	0.25	49
M7	130	300	300	945.02	68.25	24.68	0.25	49
M8	150	300	300	959.07	82.07	23.58	0.25	49
M9	170	300	300	989.66	94.65	23.34	0.25	49
M10	190	300	300	1003.58	105.45	23.13	0.25	49
M11	210	300	300	1036.10	114.28	23.41	0.25	49
M12	230	300	300	1078.41	127.20	23.27	0.25	49

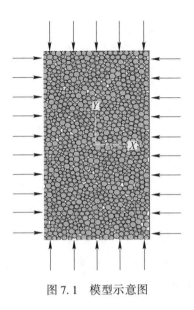

图 7.1 模型示意图

7.1.1.2 二维颗粒流数值模拟结果及分析

取应力值降低到最大应力的 80% 时，程序自动运行结束。在不同黏结强度下，得到岩石试样在荷载作用下的轴向应力-应变关系曲线，如图 7.2 所示。体应变-轴向应变的关系曲线，如图 7.3 所示。除此之外，还得到了黏聚力、内摩擦角与黏结强度之间的关系，如图 7.4 和图 7.5 所示。

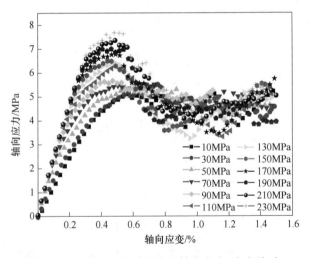

查看彩图

图 7.2 不同平行黏结强度下轴向应力-应变关系

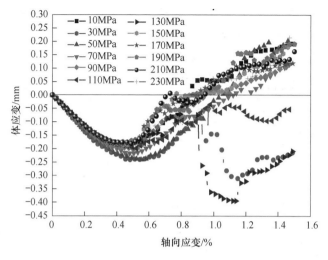

图 7.3 不同平行黏结强度下体应变-轴向应变关系

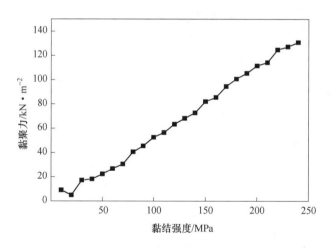

图 7.4 黏聚力-黏结强度关系

从图 7.2 可以看出,在其他因素不变的情况下,随黏结强度的增加,轴向应力-应变关系曲线的峰值会提高,压缩强度随之不断增加,岩石的脆性增强。黏结强度越大,轴向应力达到最大应力后出现软化的现象越明显,而且比较小的黏结强度对应理想弹塑性关系,而提高黏结强度则会导致软化现象的出现。从图7.3 可以看出,随黏结强度的增加,最大轴向位移也增大,最大轴向应力几乎呈线性增加。从图 7.4 可以看出,随黏结强度的增加,黏聚力逐渐增加,几乎呈线性增加。从图 7.5 可以看出,随黏结强度的增加,内摩擦角有减小趋势。但是整体值变化不大。

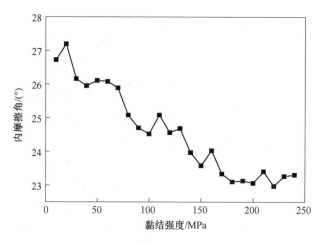

图 7.5 内摩擦角–黏结强度关系

7.1.2 颗粒法向刚度与切向刚度比值的影响

7.1.2.1 二维颗粒流数值模拟的方案选择和模型建立

选择试样模型的标准尺寸为 100mm×200mm，在围压为 300MPa 下进行模拟。建立模型 M13、M14、M15、M16、M17、M18，颗粒法向刚度与切向刚度比值（b_kn/b_ks）分别为 1.0、3.0、5.0、7.0、9.0、11.0。颗粒摩擦系数取值 0.3，颗粒接触模量取 49MPa，平行黏结接触模量取 49MPa，平行黏结的法向刚度和切向刚度的比值都取 1.0。选定岩石 PFC 试样模型颗粒半径的分布采用从 R_{max} 到 R_{min} 的正态分布，$R_{max} / R_{min} = 1.66$，试样颗粒密度为 2630kg/m^3。按平面应力方式来加载，整个加载过程采用位移控制的加载方式。加载总步数依具体方案而定。每种方案中其他相关物理力学参数见表 7.2。模型示意图如图 7.1 所示。

表 7.2 在不同 b_kn/b_ks 下岩石试样模型参数

模型类型	b_kn/b_ks	围压/MPa	最小主应力 σ_3 /MPa	最大主应力 σ_1 /MPa	黏聚力 C /MPa	内摩擦角 φ /(°)	颗粒最小半径 R_{min} /mm	颗粒接触模量 E_c /MPa
M13	1.0	300	300	750.04	1.12	25.52	0.25	49
M14	3.0	300	300	790.22	5.32	25.83	0.25	49
M15	5.0	300	300	746.13	0.24	26.32	0.25	49
M16	7.0	300	300	763.46	11.48	23.91	0.25	49
M17	9.0	300	300	758.62	5.73	24.76	0.25	49
M18	11.0	300	300	761.63	14.19	23.24	0.25	49

7.1.2.2 二维颗粒流数值模拟结果及分析

取应力值降低到最大应力的80%时，程序自动运行结束。在颗粒法向刚度与切向刚度值比值不同的情况下，得到岩石试样在荷载作用下的轴向应力-应变关系曲线如图7.6所示，体应变-轴向应变的关系曲线如图7.7所示。除此之外，还得到了黏聚力、内摩擦角与颗粒法向和切向刚度比值之间的关系，如图7.8和图7.9所示。

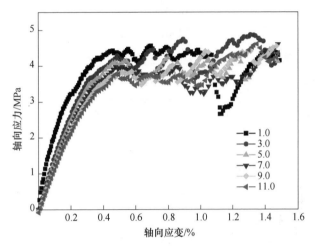

查看彩图

图7.6 不同 b_kn/b_ks 下轴向应力-应变关系

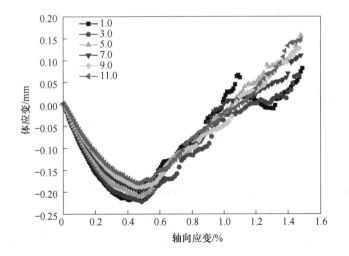

查看彩图

图7.7 不同 b_kn/b_ks 下体应变-轴向应变关系

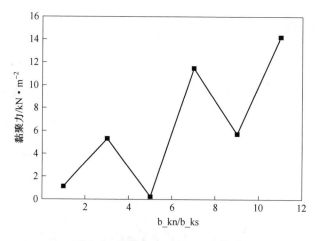

图 7.8　黏聚力- b_kn/b_ks 关系

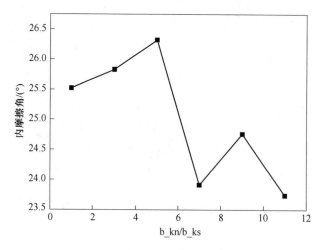

图 7.9　内摩擦角- b_kn/b_ks 关系

　　从图 7.6 可以看出，在其他因素不变的情况下，在颗粒法向刚度与切向刚度值比值不同的情况下，随着其比值的增大，轴向应力-应变关系曲线的峰值会略微有所降低，压缩强度随之略微有所减小，但是总体波动很小，轴向应力-应变关系趋势很相似。从图 7.7 可以看出，在颗粒法向刚度与切向刚度值比值不同的情况下，体应变-轴向应变关系趋势很相似，但随颗粒刚度比值的逐渐增加，剪胀角逐渐减小。从图 7.8 可以看出，随颗粒法向和切向刚度比值的逐渐增加，黏聚力波动较大，但有增加趋势。从图 7.9 可以看出，随颗粒法向和切向刚度比值的逐渐增加，对内摩擦角的影响不大，内摩擦角波动较小，但有减小趋势。

7.1.3 平行黏结法向刚度与切向刚度比值的影响

7.1.3.1 二维颗粒流数值模拟的方案选择和模型建立

选择试样模型的标准尺寸为 100mm×200mm，在围压为 300MPa 下进行模拟。建立模型 M19、M20、M21、M22、M23、M24，平行黏结法向刚度与切向刚度（p_kn/p_ks）比值分别为 1.0、3.0、5.0、7.0、9.0、11.0。颗粒摩擦系数取值 0.3，颗粒接触模量取 49MPa，平行黏结接触模量取 49MPa，颗粒的法向刚度和切向刚度的比值都取 1.0。选定岩石 PFC 试样模型颗粒半径的分布采用从 R_{max} 到 R_{min} 的正态分布，$R_{max} / R_{min} = 1.66$，试样颗粒密度为 2630kg/m³。按平面应力方式来加载，整个加载过程采用位移控制的加载方式。加载总步数依具体方案而定。每种方案中其他相关物理力学参数见表 7.3。模型示意图如图 7.1 所示。

表 7.3 在不同 p_kn/p_ks 下岩石试样模型参数

模型类型	p_kn/p_ks	围压/MPa	最小主应力 σ_3 /MPa	最大主应力 σ_1 /MPa	黏聚力 C /MPa	内摩擦角 φ /(°)	颗粒最小半径 R_{min} /mm	颗粒接触模量 E_c /MPa
M19	1.0	300	300	750.04	1.12	25.52	0.25	49
M20	3.0	300	300	756.20	4.11	25.42	0.25	49
M21	5.0	300	300	778.94	10.37	24.96	0.25	49
M22	7.0	300	300	772.90	2.81	26.31	0.25	49
M23	9.0	300	300	761.64	10.11	24.95	0.25	49
M24	11.0	300	300	758.93	6.15	25.47	0.25	49

7.1.3.2 二维颗粒流数值模拟结果及分析

取应力值降低到最大应力的 80% 时，程序自动运行结束。在平行黏结法向刚度与切向刚度值比值不同的情况下，得到岩石试样在荷载作用下的轴向应力-应变关系曲线，如图 7.10 所示；体应变-轴向应变的关系曲线如图 7.11 所示。除此之外，还得到了黏聚力、内摩擦角和平行黏结法向刚度与切向刚度之间的关系，如图 7.12 和图 7.13 所示。

从图 7.10 可以看出，在其他因素不变的情况下，平行黏结法向刚度与切向刚度值的比值的不同对轴向应力-应变关系曲线的影响不大，轴向应力-应变关系趋势很相似。从图 7.11 可以看出，平行黏结法向刚度与切向刚度值的比值的不同对体应变-轴向应变关系曲线的影响也不大，但随平行黏结刚度比值的逐渐增加，剪胀角略微增加。从图 7.12 可以看出，随颗粒平行黏结法向刚度和切向

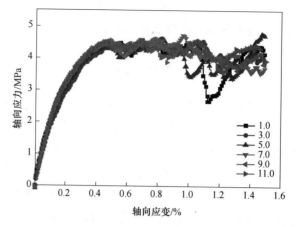

查看彩图

图 7.10 不同 p_kn/p_ks 下轴向应力-应变关系

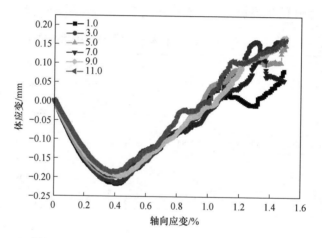

查看彩图

图 7.11 不同 p_kn/p_ks 下体应变-轴向应变关系

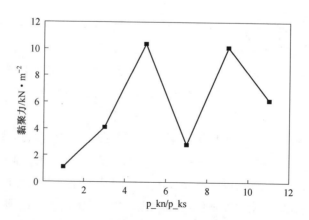

图 7.12 黏聚力-p_kn/p_ks 关系

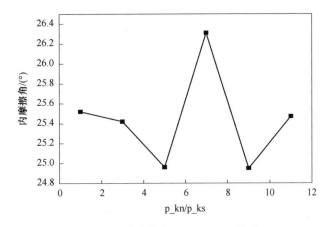

图 7.13 内摩擦角-p_kn/p_ks 关系

刚度比值的逐渐增加，黏聚力波动较大，但没有明显的规律。从图 7.13 可以看出，随平行黏结法向刚度和切向刚度比值的逐渐增加，内摩擦角波动很小，说明其对内摩擦角的影响也不大。

7.1.4 颗粒接触模量的影响

7.1.4.1 二维颗粒流数值模拟的方案选择和模型建立

选择试样模型的标准尺寸为 100mm×200mm，在围压为 300MPa 下进行模拟。建立模型 M25、M26、M27、M28、M29 和 M30，颗粒接触模量 E_c 分别为 10MPa、20MPa、30MPa、40MPa、50MPa、60MPa。颗粒摩擦系数为 0.3，平行黏结模量为 49MPa，颗粒法向刚度与切向刚度的比值为 7.0，平行黏结法向刚度与切向刚度的比值为 7.0，平行黏结强度为 50MPa。选定岩石 PFC 试样模型颗粒半径的分布采用从 R_{max} 到 R_{min} 的正态分布，R_{max} / R_{min} = 1.66，试样颗粒密度为 2630kg/m³。按平面应力方式来加载，整个加载过程采用位移控制的加载方式。加载总步数依具体方案而定。每种方案中其他相关物理力学参数见表 7.4。模型示意图如图 7.1 所示。

表 7.4 在不同颗粒接触模量下岩石试样模型参数

模型类型	E_c /MPa	围压 /MPa	最小主应力 σ_3 /MPa	最大主应力 σ_1 /MPa	黏聚力 C /MPa	内摩擦角 φ /(°)	颗粒最小半径 R_{min} /mm	颗粒刚度比 K_n/K_s
M25	10	300	300	740.28	27.65	20.26	0.25	7.0
M26	20	300	300	747.04	17.96	24.80	0.25	7.0
M27	30	300	300	829.57	21.84	24.24	0.25	7.0
M28	40	300	300	785.39	22.95	23.57	0.25	7.0

模型 类型	E_c /MPa	围压 /MPa	最小主应力 σ_3 /MPa	最大主应力 σ_1 /MPa	黏聚力 C /MPa	内摩擦角 φ /(°)	颗粒最小半径 R_{min} /mm	颗粒刚度比 K_n/K_s
M29	50	300	300	804.47	22.25	24.54	0.25	7.0
M30	60	300	300	785.86	12.39	25.15	0.25	7.0

7.1.4.2 二维颗粒流数值模拟结果及分析

取应力值降低到最大应力的 80% 时，程序自动运行结束。在不同接触模量
下，得到岩石试样在荷载作用下的轴向应力-应变关系曲线，如图 7.14 所示；体
应变-轴向应变的关系曲线如图 7.15 所示。除此之外，还得到了黏聚力、内摩擦
角与颗粒接触模量之间的关系，如图 7.16 和图 7.17 所示。

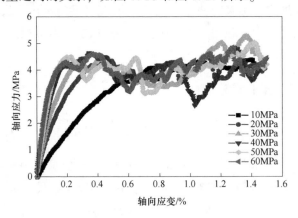

查看彩图

图 7.14　不同接触模量下轴向应力-应变关系

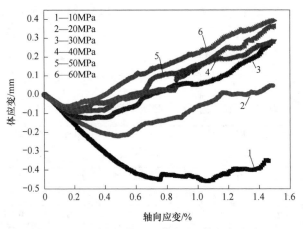

图 7.15　不同接触模量下体应变-轴向应变关系

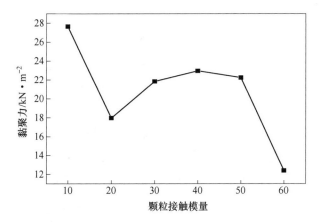

图 7.16　黏聚力−颗粒接触模量关系

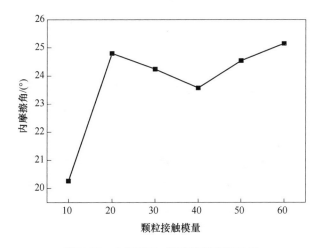

图 7.17　内摩擦角−颗粒接触模量关系

从图 7.14 可以看出，在其他因素不变的情况下，随颗粒接触模量的增加，轴向应力峰值基本没有变化，但是应力峰值所对应的应变逐渐减小，颗粒接触模量越大，轴向应力-应变本构关系最先出现软化。从图 7.15 可以看出，随颗粒接触模量的增加，体应变达到负峰值所对应的应变逐渐减小。当颗粒接触模量较小时，就只有剪缩现象，没有剪胀现象。当颗粒接触模量较大时，先出现剪缩现象，再出现剪胀现象。从图 7.16 可以看出，颗粒接触模量的变化对黏聚力影响很大，黏聚力先减小后增大，然后又减小，没有明显规律。从图 7.17 可以看出，随颗粒接触模量的增加，内摩擦角先增加，再趋于平稳。

7.2 三维颗粒流模拟

在数值模拟中，人们有时候需要用真三维全局地质解译标定，从而实现真三维可视化，生成交互式三维模型，直接获取分析信息，避免多个二维剖面之间的不一致性。另外，为了清除非地质专业人员对地质勘查数据的理解障碍，有些模拟图需要用三维模型来形象处理。这样，可以避免设计阶段可能造成的地质认识的不一致。同时，基于三维平台的数据可视化，有利于原始数据和成果数据的整合管理和共享。

在三维颗粒流程序中，细观参数的确定方法跟二维程序基本相同。基于此，本节将结合第 6 章隧道塌方事故发生现场的数值模拟，建立简单的三维颗粒流模型，再次进行数值模拟，细观参数的选取跟前面章节保持一致。

7.2.1 真三轴试验模拟

对于地下深处的节理岩体，往往处于三向受压状态，所以有必要建立三维数值模型，对这种复杂应力状态下的力学特性进行研究。真三轴仪的设计及试验研究一直是一个活跃并且具有挑战性的研究领域。

选择圆柱试样模型的标准尺寸高100mm，半径取20mm，在围压为300MPa下进行模拟。颗粒间黏结强度取30MPa。选定岩石 PFC 试样模型颗粒半径的分布采用从 R_{max} 到 R_{min} 的正态分布，$R_{max} / R_{min} = 1.66$，试样颗粒密度为 $2630kg/m^3$。整个加载过程采用位移控制的加载方式。加载总步数依具体方案而定。方案中相关物理力学参数与第 6 章一致。模型示意图如图 7.18 所示。

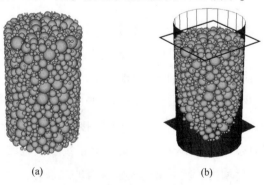

(a)   (b)

图 7.18 模型示意图

（a）岩样模型；（b）三轴作用下模型

7.2.2 隧道塌方模拟

在塌方事故的数值模拟中，在隧道围岩拐角处，或者岩体三向受压地段，使用三维模型可以更直观更准确地反映出实际地质标定，而且有利于原始数据和成果数据的整合管理和共享。

根据第 6 章中提到的东秦岭隧道塌方情况，选取典型塌方断面 DK95+628~+635段右侧为研究对象，围岩类别为Ⅰ类，隧道最小埋深为 79m。正洞掌子面里程 DK95+685，对其进行三维数值模拟分析。具体细观参数的设置参照第 6 章。根据断面情况，采用时步模式逐步加载，建立的计算模型图如图 7.19 所示。模型中颗粒间的相互作用如图 7.20 所示，最后得到的塌方图如图 7.21 所示。

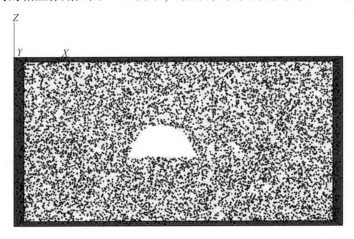

图 7.19 计算模型图

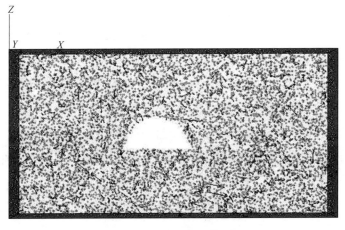

图 7.20 颗粒间相互作用图

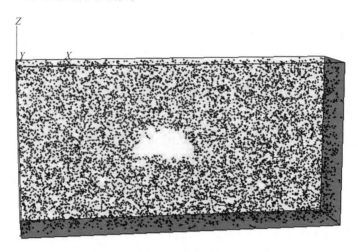

图 7.21 塌方图

从图 7.21 中可以看出，隧道洞口明显变形，洞口上方有颗粒集合体（岩块）掉落，说明隧道围岩在各种因素作用下，出现了塑性区域，岩石的强度下降，最终导致拱顶掉块垮塌。

总之，对于由颗粒流程序建立的岩石试样来说，黏结强度、颗粒法向刚度与切向刚度比值、平行黏结法向刚度与切向刚度比值和颗粒接触模量的选取是影响岩样模型性质的基本参数。

对颗粒黏结强度的选取来说，在其他因素不变的情况下，随黏结强度的增加：轴向应力-应变关系曲线的峰值会提高，岩石的脆性增强；轴向应力达到最大应力后出现软化的现象越明显，最大轴向位移也增大；黏聚力逐渐增加，几乎呈线性增加；内摩擦角有减小趋势，但是整体值变化不大。

对颗粒法向刚度与切向刚度值比值的选取来说，在其他因素不变的情况下，随着其比值的增大：轴向应力-应变关系曲线的峰值会略微有所降低，但是总体波动很小；体应变-轴向应变关系趋势很相似；黏聚力波动较大，但有增加趋势；对内摩擦角的影响不大，但有减小趋势。

对平行黏结法向刚度与切向刚度值比值的选取来说，在其他因素不变的情况下，随着其比值的增大：对轴向应力-应变关系曲线的影响不大，轴向应力-应变关系趋势很相似；对体应力-轴向应变关系曲线的影响也不大，但随其比值的逐渐增加，剪胀角略微增加；黏聚力波动较大，但没有明显的规律；对内摩擦角的影响也不大。

对颗粒接触模量的选取来说，在其他因素不变的情况下，随颗粒接触模量的增加：轴向应力峰值基本没有变化，但是应力峰值所对应的应变逐渐减小；体应变达到负峰值所对应的应变逐渐减小；对黏聚力影响很大，但黏聚力的变化没有明显规律；内摩擦角先增加，再趋于平稳。

对于真三轴试验数值模拟，在加载初期，岩样的非线性特征特别明显，随着荷载的不断增大，试样开始出现塑性变形，达到最大荷载之后，使试件进一步变形所需要的荷载越来越小，直至实际宏观破坏。随着荷载的不断增大，最大轴向位移逐渐增大，达到峰值荷载后，体应变几乎呈线性增加。

对于隧道塌方数值模拟，在分步逐渐施加应力后，可以得到实际隧道工程的可能破坏模式，即隧道洞口明显变形，洞口上方有颗粒集合体（岩块）掉落，这对预测和监控塌方事故起到一定的借鉴意义。

参 考 文 献

［1］ Itasca Consulting Group Inc. PFC2D（particle flow code in 2 dimensions）theory and background
［R］. Minnesota, USA：Itasca Consulting Group Inc.,2002.

［2］ CUNDALL P A, STRACK O D L. Particle flow code in 2 Dimensions［A］. Itasca Consulting
Group Inc.,1999.

8 结　　语

由于节理岩体本身不是一种理想的连续介质，而是具有许多节理劣化的材料，虽然国内外学者发展了不少完整的细观本构模型，但是对于节理岩体变形等特性的研究，目前仍存在有许多没有解决、仍需进一步深入和完善的课题。就本书所涉及的研究内容而言，以下几方面尚待更进一步的研究。

（1）本书中提出了开发并改进的节理岩体损伤数值模型，在理论上、试验对比及工程实例中均证实了它的可行性，然而工程岩体的岩性及结构组成是复杂多变的，这就需要通过更多的岩体工程实例进行验证和修正，以期待节理岩体损伤数值模型能真正地引入到岩体工程的方案设计及数值计算中，为工程建设等相关研究服务。

（2）本书中应用颗粒流数值试验的方法对成组的节理岩石试样进行了力学特性研究，得出了许多重要的试验结论。由于目前关于用离散元来研究节理岩体细观损伤特性还处于起步阶段，仅靠颗粒之间的微观力和边界的约束，仍然无法完全模拟岩石材料本身内部构造的缺陷，细观参数跟宏观力学特性之间的联系还需要进一步的探讨。

（3）本书在对岩石的室内物理试验的模拟时，选取的是都是规范常规实例，需要进一步完善其可行性，开展一些大尺寸、多节理复杂岩体的数值模拟工作。

（4）本书在对颗粒流程序细观参数的问题的探讨部分中，只是针对四个影响岩样模型性质的基本参数进行了讨论分析。为了最大限度地还原节理岩体的力学特性，还需继续开展大规模的岩体数值模拟。